KB139557

하리
하라의
과학
24시

청소년이 알아야 할 현대 과학의 24가지 이슈

하리하라의 과학 24시

이은희 글 김명호 그림

 비룡소

차례

정신없는 오전 6시 30분 ~ 12시 35분

몽롱한 오후 12시 36분 ~ 19시 29분

짧기만 한 저녁 19시 30분 ~ 23시 59분

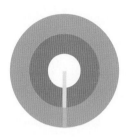

정신없는 오전

6시 30분 ~ 12시 35분

생체 시계야, 울려라!

6시 30분 알람 소리에 힘겹게 눈을 뜨다

따라라란 따라라란 따라따라 따라딴!

훈이는 귓전에 울리는 요란한 알람 소리에 흠칫 놀라 깨어났다. 눈도 제대로 못 뜬 채 손을 더듬거리던 훈이는 그만 책상 위에 있던 자명종을 떨어뜨리고 말았다. 이크! 바닥에 내팽개쳐진 자명종이 더욱 크게 울어 댔다.

"야, 얼른 못 꺼! 시끄럽게 정말!"

옆방에서 누나가 소리를 질렀다. 알람 소리에 누나의 고함까지 더해져 훈이는 결국 눈을 떴다. 하지만 몸은 여전히 이불 속에서 꼼지락거리고 있었다. 아침이면 이불 속은 왜 유난히 더 따뜻하고 포근한지, 팔다리는 또 왜 이토록 천근만근 무거운지.

'몸이 로봇처럼 작동하면 좋겠다. 다리야, 일어나라 하면 다리가 저절로 움직여서 침대에서 나가고. 팔아, 침대 정리해라 하면 팔이 자동으로 이불을 개고.'

그때 문이 벌컥 열렸다. 엄마가 이불을 뒤집어쓰고 있는 훈이를 보고 혀를 끌끌 찼다.

"어이구, 오늘부터 학교 일찍 가겠다며? 얼른 못 일어나!"

전날 훈이는 이제 중학교 2학년이 되었으니 더 열심히 공부하기 위해 앞으로 30분 일찍 등교하겠다고 선언했다. 물론 오늘 아침에도 엄마의 잔소리 세례를 받고서야 꾸물꾸물 겨우 몸을 일으켰지만.

봄이 왔다기에는 아직 이른 3월 초라 창밖은 여전히 어스름했다. 평소보다 30분 일찍 일어났을 뿐인데도 눈꺼풀이 몇 배는 더 무거웠다. 훈이의 엉뚱한 생각은 다시 시작되었다.

'뇌 속에 스위치가 있어서 켜짐 버튼을 누르면 바로 잠이 깨고 꺼짐 버튼을 누르면 바로 잠이 들면 좋을 텐데. 그러면 아침에 늦잠을 자서 지각하거나, 버스 안에서 졸다가 정류장을 지나치는 일도 없을 거 아냐.'

우리 몸속의 생체 시계

'일찍 일어나는 새가 벌레를 잡는다.'는 말은 누구나 들어 보았을 겁니다. 하지만 아침잠을 포기하기란 결코 쉬운 일이 아니지요. 특히 추운 겨울, 해가 채 뜨지도 않은 아침에 평소보다 일찍 따뜻한 이불 속을 빠져나오기란 재미있는 게임을 앞에 두고도 참아야 하는 것만큼이나 어렵습니다.

흥미로운 사실은 사람의 기상 시간과 취침 시간이 일정하다는 것입니다. 밤을 새우거나 힘든 일을 해서 신체 리듬이 흐트러지지 않는 한, 사람들은 대개 일정한 시간에 자고 일어납니다. 몸속에 하루의 시간을 감지하는 일종의 시계가 있기 때문이지요. 이것을 '생체 시계'라고 합니다. 매일매일 일정한 시간에 일어나다 보면 어느 순간부터는 굳이 알람을 맞춰 놓지 않아도 그 시간에 저절로 눈이 떠지는데, 바로 생체 시계 때문입니다. 물론 대개는 눈만 떴다가 시간을 확인하고 다시 잠들지만요.

사람의 생체 시계는 하루 24시간을 기준으로 돌아갑니다. 하지만 24시간이라는 주기가 반드시 일정한 것은 아닙니다. 놀랍게도 생체 시계는 계절의 변화에 따라 조금씩 달라지거든요. 사람의 수면 시간은 밤이 긴 겨울이 되면 여름에 비해 길어지는 경향이 있습니다. 그러니 여름 아침보다 겨울 아침에 눈을 뜨기가 더 힘든 것이 이불의 따뜻함 때문만은 아닌 셈입니다. 왜 이런 현상이 일어날까요? 그것은 생체 시계의 조절에 빛이 중요한 역할을 하기 때문입니다.

빛, 수면 시간을 책임지다

우리 눈으로 들어온 빛은 각막과 수정체를 통과해 눈 뒤쪽에 있는 망막에 상으로 맺힙니다. 망막은 뇌와 시신경으로 연결되어 있는데, 시신경은 뇌 쪽으로 가다가 중간에 서로 교차됩니다. 이 부분을 시상하부 교차위핵(이하 SCN)이라고 부릅니다. 양쪽 눈의 시신경이 이처럼 통합되기 때문에 우리는 두 눈으로 본 광경을 하나로 인식할

수 있습니다.

사실 우리의 양쪽 눈은 약간씩 다른 것을 봅니다. 집게손가락을 코 앞에 놓은 뒤 각각 한쪽 눈을 감고 보세요. 왼쪽 눈으로만 볼 때와 오른쪽 눈으로만 볼 때 조금 다른 상이 보일 거예요. 이 두 개의 상이 하나로 합쳐져야 우리는 비로소 입체감과 원근감을 느낄 수 있습니다.

간단한 실험을 하나 해 볼까요? 주먹을 쥔 뒤 양손의 집게손가락만 펴고 팔을 활짝 벌렸다가 천천히 오므려 집게손가락 끝을 마주치게 해 봅시다. 양쪽 눈을 모두 뜨고 있을 때는 그다지 어려운 일이 아니지만, 한쪽 눈을 감고 있다면 결과는 달라집니다. 정확히 일치한 것처럼 보여도 손가락 끝은 번번이 빗나가곤 하지요. 한쪽 눈에서 들어오는 시각 정보만으로는 원근감을 제대로 파악하지 못하기 때문입니다.

3D 영화도 비슷한 원리입니다. 그냥 볼 때는 영상이 여러 개 겹쳐서 보일 뿐이지만, 3D 안경을 쓰면 영상이 합쳐지면서 화면 밖으로 튀어나올 것같이 보이지요. 우리 눈에서 3D 안경처럼 작동하는 부분이 바로 SCN입니다.

그런데 SCN은 또 다른 역할을 합니다. 바로 우리 몸의 생체 시계를 조절하는 것이지요. 우리가 아침에 잠에서 깨어 눈을 뜨면 우리 몸에서는 마치 컴퓨터를 부팅시키거나 휴대폰을 켤 때와 똑같은 연쇄반응이 시작됩니다. 눈으로 들어간 빛을 망막이 감지해 전기 화학적인 신호로 변환한 다음, 시신경을 통해 SCN으로 전달합니다. SCN은 이 신호를 인식해 뇌의 솔방울샘에 영향을 미칩니다. 솔방울샘은 대표적인 수면 호르몬인 멜라토닌을 만드는 부위입니다. 멜라토닌이 많이 분비되면 잠이 쏟아지고, 적게 분비되면 잠에서 깨어나게 되지요. 멜라토닌의 양은 SCN에서 감지된 빛에 의해서 조절됩니다. 빛의 양이 적어지면 멜라토닌은 많아지고, 반대로 빛의 양이 많아지면 멜리토닌은 적어집니다. 하루 중 오전 2시경이 멜라토닌이 가장 많이 분비되는 시간입니다. 에디슨이 전구를 발명하면서 사정이 좀 달라지긴 했지만, 원래 이 시간이면 불빛 하나 없이 깜깜한 것이 정상이니까요.

멜라토닌의 양을 따질 때는 피코그램pg이라는 단위를 사용합니다. 1피코그램은 1조 분의 1그램이니, 그다지 많은 양은 아닙니다. 하지만 극소량이라도 분비량이 달라지면 수면 패턴이 달라집니다. 멜라토닌의 양은 다섯 살쯤에 최고치에 이르렀다가 서서히 줄어듭니다. 흔히 할머니, 할아버지께서 나이가 들면서 잠이 줄었다고 말씀하시는데, 불면증에 시달리는 노인의 비율이 높은 이유가 바로 멜라토닌의 양이 줄어들었기 때문입니다. 이렇게 멜라토닌과 수면 시간은 매우 밀접한 관련이 있습니다.

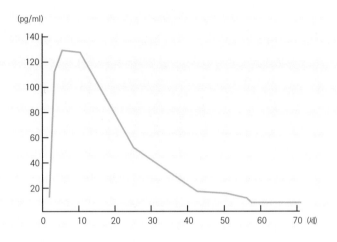

(pg/ml)

나이에 따른 멜라토닌 분비량 변화. 신생아 때는 최소량만 분비되고 성장기에 최대치를 이룬다. 그러다 사춘기에 접어들면서 감소하기 시작해 중년기까지 계속 감소한다. 노년기에는 멜라토닌이 거의 분비되지 않는다.

또한 이런저런 이유로 멜라토닌의 분비 주기가 흔들리면 수면 패턴이 흐트러져 고생하게 됩니다. 예를 들어 서울과 뉴욕의 시차는 열네 시간입니다. 뉴욕이 한국보다 열네 시간이 늦지요. 그런데 두 도시 사이의 비행시간도 열네 시간 정도입니다. 그래서 서울에서 오후 12시에 비행기를 타고 열네 시간을 날아가 뉴욕에 내리면, 여전히 같은 날 오후 12시라는 신기한 경험을 하게 됩니다. 하지만 우리 몸의 생체 시계는 아직 서울에 있다고 착각하고 오후 12시에서 열네 시간이 지난 오전 2시로 인식합니다. 보통 때면 멜라토닌이 가장 많이 분비되어 달콤한 잠에 빠져 있을 시간이기 때문에 환한 대낮인데도 잠이 쏟아집니다.

물론 뉴욕에서 지내다 보면 생체 시계가 새로운 시간에 적응 하게 됩니다. 앞에서 설명했듯이 생체 시계는 빛에 의해 조정되니까요. 단, 생체 시계란 전자시계처럼 금방 맞춰지는 것이 아니기 때문에 며칠은 고생을 하게 됩니다.

이때의 수면 패턴 변동을 시차 적응이라고 하는데, 요즘처럼 나라와 나라 사이의 이동이 잦은 시대에는 참 곤혹스러운 일이 아닐 수 없습니다.

시계 숫자에 매달려 살아가는 현대인

현재 멜라토닌은 합성이 가능하기에 알약의 형태로 시중에 판매됩니다. 부족한 멜라토닌을 약으로 섭취해 불면증이나 시차 부적응으로 인한 수면 장애를 이겨 낼 수 있지요.

이처럼 최근에는 수면 패턴뿐 아니라 주기적으로 일어나는 체온의 변화, 월경주기 등을 연구하는 시간생물학 분야가 발전하고 있습니다. 하루 24시간, 1년 365일, 사계절은 반복됩니다. 지구의 모든 생명체는 이러한 자연의 순환 주기에 맞게 살아가도록 진화했지요. 그래서 모든 생명체에는 하루 혹은 계절에 따라 신체 패턴이 변화하는 주기적 리듬이 존재합니다. 생물이 가진 이 주기적 리듬을 연구하는 학문이 바로 시간생물학입니다.

건강을 유지하기 위해서는 성인 기준 하루 7시간 이상의 수면이 필요하다고 합니다. 그러나 현대사회를 살아가는 사람들은 만성적인 수면 부족에 시달리고 있지요. 최근 급상승하는 산업 분야 중 하나가 슬립테크, 즉 수면 산업입니다. 다양한 수면 보조 식품, 의약품이 개발되었고, 매트리스와 베개, 백색 소음기 등 숙면을 도와주는 제품들이 인기를 끌고 있습니다. 건강보험심사평가원에 따르면 국내에서 수면 장애로 병원을 방문한 환자가 2022년에만 약 80만 명에 이른다고 합니다. 2021년에는 68만 명이었으니 1년 사이 20퍼센트나 증가한 셈입니다. 우리나라뿐만이 아닙니다. 세계수면학회에 따르면 전 세계 인구의 45퍼센트가 충분한 수면을 취하지 못하고 있다고 합니다. 인류는 어쩌다가 이런 수면 장애를 얻게 되었을까요?

지난 100년 동안 인간은 전구를 만들어 밤을 밝히고, 비행기를 만들어 세계 곳곳을 하루 만에 오갈 수 있게 되면서 자연의 시간을 거스르기 시작했습니다. 해가 뜨면 일어나고, 해가 지면 잠자리에 드는 자연스러운 패턴 대신 합리적이라는 이유를 들어 모든 시간 간격을 동일하게 쪼개고 그 숫자에 의존하게 되었지요. 우리는 해의 길이와 상관없이 시계가 가리키는 숫자에 매달려 살아갑니다. 해가 뜨는 시간이 오전 5시이든 7시이든, 해

도시의 밤 풍경. 현대인들은 실제 밤낮의 길이와 인간의 생체 시계를 무시한 채, 늦은 밤까지 불을 환히 밝히며 살아가고 있다.

지는 시간이 오후 5시이든 8시이든, 등교 시간과 하교 시간, 출근 시간과 퇴근 시간은 항상 정해진 그대로입니다.

우리나라의 경우 낮이 가장 긴 하지에는 해가 오전 5시 10분에 떠서 오후 8시에야 지는데, 밤이 가장 긴 동지에는 오전 7시 40분에 떠서 오후 5시 15분이면 집니다. 하지에는 밤의 길이가 겨우 아홉 시간 남짓이지만, 동지에는 무려 열네 시간 반이나 되는 것이지요. 그런데도 항상 같은 시간에 맞춰 등교를 하고 출근을 하려니 똑같은 시간에 눈을 떠도 여름에는 해가 쨍쨍한 반면, 겨울에는 어스름도 채 가시지 않은 상태입니다.

하지만 인간을 제외한 모든 생물은 자연의 변화에 따라 살아갑니다. 자연의 흐름에 둔감할 것만 같은 나무도 봄이면 싹을 틔우고, 여름에는 무럭무럭 자라다가, 가을에는 열매를 맺고, 겨울이 되면 앙상한 가지로 추위를 견딥니다. 동물도 마찬가지입니다. 추운 겨울이 다가오면 폭신한 털을 새로 만들기도 하고, 겨울잠을 위해 체내 지방을 비축하거나 먹이를 모아 놓기도 합니다. 동물이든 식물이든 해가 긴 여름에는 부지런히 일하고 성장하다가, 해가 짧은 겨울이면 몸을 움츠리고 활동을 줄이는 것입니다.

그건 자연 속 생물들의 방식일 뿐, 인간은 다를 수밖에 없다고요? 하지만 인간이 생체 시계를 인위적으로 조절하지 않았던 과거의 상황을 들여다보면 무엇이 진짜 지혜인지 다시 생각해 보게 됩니다.

자연의 흐름에 시간을 맞춘 조상의 지혜

조선 시대까지만 해도 여름과 겨울의 시간에는 차이가 있었습니다. 우리 조상들은 해 뜨는 시간을 인寅시로, 해 지는 시간을 유酉시로 삼아 하루를 자, 축, 인, 묘, 진, 사, 오, 미, 신, 유, 술, 해, 이렇게 열두 개의 시간으로 나누어 사용했습니다. 하루가 24시간이 아니라 12시간이었다고 하면 그저 지금의 두 시간을 한 시간으로 묶은 것이라 생각하기 쉽지만 실제로는 좀 달랐습니다.

그 기준이 해 뜨는 시간과 해 지는 시간이었기 때문입니다. 그래서 밤을 나타내는 유시부터 인시까지가 여름에는 아홉 시간, 겨울에는 열네 시간이었습니다. 각 시간의 간격이 여름밤에는 한 시간 반, 겨울밤에는 두 시간 반 정도였던 것이지요. 이런 시간 구조에서는 유시에 잠들고 인시에 일어나는 일이 별로 어렵지 않습니다. 여름에도 겨울에도 해가 졌을 때 잠자리에 들어 해가 떴을 때 일어나면 되니까요. 자연히 여름에는 많이 일하고 겨울에는 적게 일하게 됩니다.

현대인의 눈으로 보기에는 제멋대로인 시간 구분이지만 우리 몸의 생체 시계에는 훨씬 잘 맞습니다. 자연의 변화에 맞춘 방법이기에 어쩌면 더 합리적이라고도 볼 수 있습니다. 인간 역시 자연에서 태어나 자연에서 살아가는 생명체이기 때문입니다. 여름이든 겨울이든 일괄적으로 정해진 시간에 맞춰 일어나야 하는 현실을 보면 인간이 타고난 한계를 극복했다는 느낌보다는, 인위적으로 만들어 놓은 시간에 스스로를 애써 끼워 맞추고 있다는 느낌이 듭니다. 아직 우리 몸은 사계절의 변화에 맞춰진 상태인데, 인위적으로 만들어진 휴대폰 알람이 우리를 억지로 깨우고 있으니까요. 그리고 보면 과학의 발달이 우리를 오히려 부자연스럽게 만든 것은 아닐까요?

밥상에 숨은 비밀

6시 52분 아침 식탁에서 폭풍 식욕을 발휘하다

"얘들아, 아침 먹어라!"

아빠가 부르는 소리에 훈이는 얼굴에 물을 묻히는 둥 마는 둥 대충 씻고 식탁에 앉았다. 지각을 하는 한이 있더라도 아침은 꼭 먹어야 한다는 것이 훈이의 생활신조였다.

오늘 아침도 늘 그렇듯이 간단했다. 식탁 위에는 옥수수식빵과 구운 햄, 그리고 과일 주스가 놓여 있었다. 평소에 좋아하던 것들이라 훈이는 식탁에 앉자마자 열심히 먹기 시작했다.

그 모습을 본 엄마가 잔소리를 늘어놓았다.

"훈아, 좀 천천히 먹어. 그러게 아까 알람 울릴 때 일어났으면 서둘러 먹지 않아도 되잖아? 그리고 진이 넌 왜 안 먹고 있어?"

누나는 숟가락을 아예 탁 내려놓았다.

"아침 먹기 싫단 말이야. 입맛도 없고 시간도 없고."

"그래도 아침은 먹어야지. 훈이 봐라. 잘 먹으니까 얼마나 보기 좋니? 제발 이럴 땐 동생 좀 본받아라."

엄마는 출근 준비를 하면서도 설교를 멈추지 않았다. 훈이는 빵 봉지랑 우유갑을 치우느라 분주한 아빠를 보면서 남은 빵과 햄을 입 안으로 밀어 넣었다. 문득 옆을 보니 누나는 여전히 깨작거리고 있었다.

'되게 까다롭게 구네. 누나는 공부는 잘하면서 이럴 때 보면 참 이상하다니까. 그러고 보니 내가 누나보다 낫다고 칭찬받는 유일한 때가 밥 먹을 때잖아. 이거 기뻐해야 하는 거야, 슬퍼해야 하는 거야?'

우리 식탁 위의 가공식품들

정신없는 아침입니다. 하지만 아무리 정신이 없어도 생각은 좀 하고 살아야겠죠. 퀴즈 하나, 오늘 훈이가 먹은 아침 식사는 옥수수식빵, 햄, 과일 주스인데요, 이 세 가지에 모두 들어간 원재료는 무엇일까요? 어렵나요? 그럼 보기를 줄게요.

①쌀 ②옥수수 ③보리 ④콩 ⑤밀

답이 무엇인지 알겠나요? 정답은 옥수수입니다. 식빵이야 옥수수식빵이니까 그렇다 치더라도 햄이나 주스에 옥수수가 들어 있다는 것은 잘 이해되지 않지요? 지금부터 햄, 주스와 옥수수의 관계를 파헤쳐 봅시다.

먼저 퀴즈 하나 더. 세계에서 옥수수를 가장 많이 소비하는 나라는 어디일까요? 많은 사람이 멕시코라고 생각합니다. 멕시코는 옥수수의 원산지인 데다 멕시코 사람들의 주식이 옥수숫가

루를 반죽해서 얇게 민 다음 화덕에 구운 토르티야니까요.

하지만 옥수수가 주식인 멕시코보다도 옥수수를 더 많이 소비하는 나라가 있습니다. 바로 미국이지요. 흥미로운 사실은 미국 사람들이 옥수숫가루로 만든 시리얼을 제외하고는 옥수수를 식탁에 자주 올리지 않는다는 것입니다. 그렇다면 미국은 엄청난 양의 옥수수를 도대체 어디에 쓰는 것일까요? 이 수수께끼의 답은 현대사회의 식품 가공 구조와 관련이 있습니다.

보이지 않는 곳에 있는 옥수수

흔히 단맛을 내는 과자나 음료를 먹을 때 옥수수를 먹는다고 생각하는 사람은 거의 없습니다. 하지만 의외로 이들 가공식품에는 옥수수가 많이 들어 있답니다.

비밀은 달콤함에 있습니다. 우리는 가공식품이 가진 단맛의 근원이 설탕이라고 알고 있습니다. 하지만 설탕이 하나도 들어 있지 않은 가공식품도 수두룩합니다. 이들의 단맛은 설탕이 아니라 옥수수에서 온 것입니다. 물론 성분표를 아무리 꼼꼼히

뜯어봐도 옥수수라는 단어는 없습니다. 옥수수 대신 액상 과당이라는 이름표를 달고 있기 때문이지요.

과당이란 원래 벌꿀이나 과일에 들어 있는 당 성분으로, 설탕보다 단맛이 훨씬 강한 물질입니다. 그런데 현대에는 옥수수에 들어 있는 전분을 분해해 인공적으로 과당을 만들어 냅니다. 이를 액상 과당이라고 하지요. 액상 과당은 설탕보다 적은 양으로도 음식을 더 달게 만들 수 있기 때문에 경제적인 식품첨가물로 널리 쓰이고 있습니다.

미국의 농장을 배경으로 하는 영화에서는 끝이 보이지 않을 만큼 넓은 옥수수밭이 등장하곤 합니다. 미국의 연평균 옥수수 생산량은 3,500억 킬로그램입니다. 2022년 기준으로 미국 인구가 3억 4천만 명이니 이 생산량을 모두 소비하기 위해서는 1인당 해마다 1,000킬로그램이 넘는 옥수수를 먹어 치워야 합니다. 아무리 옥수수를 좋아한다고 하더라도 불가능한 일이지요. 그래서 오래전부터 미국은 남아도는 옥수수를 처리하기 위해 다양한 노력을 기울여 왔습니다.

1957년 미국은 과잉생산된 옥수수를 처리할 방법을 고심하다가 옥수수 속의 전분을 분해해 달콤한 고과당 옥수수 시럽, 즉 액상 과당을 만들어 내는 방법을 찾아냈습니다. 하지만 당시에는 액상 과당을 만들 때 독성이 있는 비산염을 사용했기 때문에 어느 과자 포장지에 적힌 성분 표시. 우리가 흔히 먹는 과자 같은 가공식품에는 설탕 대신 액상 과당이 들어 있는 경우가 많다.

먹을 수 없었지요. 이 문제가 해결된 것은 1967년 일본의 한 연구소에서 인체에 해가 없는 액상 과당 추출법을 찾아낸 뒤였습니다. 물론 이 소식에 가장 기뻐한 것은 옥수수 처리에 골머리를 앓던 미국이었지요. 당시 엄청나게 수입하던 설탕을 대체할 수 있는 데다, 남아도는 옥수수까지 처리할 수 있게 되었으니 미국 입장에서는 "바로 이거다!" 싶었을 겁니다.

자, 이제 수수께끼가 하나 풀렸습니다. 훈이가 아침 식사로 먹은 주스에 옥수수가 들어 있는 것은 액상 과당이 첨가되었기 때문입니다. 그렇지만 여전히 문제는 남아 있습니다. 햄의 성분표에는 액상 과당이 표시되어 있지 않은데 어떻게 옥수수와 연결되는 것일까요?

햄은 돼지고기를 소금에 절여 훈제한 음식입니다. 그리고 돼지고기를 먹는 것은 고기 무게의 몇 배나 되는 옥수수를 섭취하는 것과 마찬가지입니다. 돼지 사료 원료의 60퍼센트 이상이 옥수수일 정도로, 옥수수가 가축 사료로 많이 이용되기 때문입니다. 돼지 한 마리를 키우는 데 필요한 옥수수의 양을 따져 보면 햄 한 조각을 먹을 때마다 옥수수 한 포대를 먹는 꼴이지요.

이제 훈이의 아침 식사 속에 옥수수가 많이 들어 있다는 사실이 이해되지요? 그렇다면 여기서 근본적인 질문을 던져 보겠습니다. 이렇게 옥수수가 많이 든 음식은 몸에 좋을까요?

가공식품이 건강을 해친다

사실 옥수수를 많이 먹는 것은 건강에 해로운 일이 아닙니다. 옥수수 자체는 좋은 식량 작물이니까요. 앞서 말했듯이 멕시코 같은 나라는 옥수수가 주식이기도 하지요. 하지만 옥수수를 이용한 가공식품까지 좋은 음식이라고 말하기는 어렵습니다. 특히 액상 과당은 여러모로 문제가 많지요. 여러 종류의 당 중에서도 과당은 비만을 유발하는 데 탁월한 능력을 보이거든요.

2010년 영국 브리스톨 대학의 연구팀은 배양된 지방세포에 각각 포도당과 과당을 주입한 뒤 지방세포의 성장을 측정하는 실험을 통해 놀라운 사실을 밝혀냈습니다. 과당을 주입한 지방세포가 포도당을 주입한 지방세포에 비해 훨씬 빠르게 증식한 것이지요. 이 실험은 포도당이나 과당이나 같은 당 성분이니 별다른 차이가 없을 거라는 일반적인 생각과 달리, 과당이 포도당보다 더욱 비만을 부른다는 사실을 보여 주었습니다. 따라서 옥수수로 만든 액상 과당은 설탕보다 비만의 더 큰 원인이 될 수 있습니다. 비만이 늘어나면 당뇨병, 고혈압 등 비만과 관련된 각종 합병증도 동시에 늘어날 테고요.

우리는 가공식품을 먹을 때 화학조미료나 인공색소 같은 합성 첨가물을 걱정합니다. 자연에서 만들어진 것이 아니라 화학적으로 합성된 것이기에 몸에 해로울 것이라 여기는 것이지요. 그에 비해 액상 과당을 걱정하는 사람은 많지 않습니다. 일단 액상 과당이 들어 있다는 사실 자체를 모르는 경우가 많고, 액상 과당에 대해 안다 해도 옥수수에서 만들어진다는 설명을 듣고 나면 '화학물질도 아니고 옥수수에서 뽑아낸 건데 문제 될 리 있겠어?'라고 생각하거든요.

하지만 자연에서 나온 것이라고 해서 항상 건강에 도움이 되는 것은 아닙니다. 예를 들어 콩은 밭에서 나는 쇠고기라는 별명을 가질 정도로 영양분이 풍부한 식품입니다. 그렇다고 콩에서 추출한 콩기름도 그럴까요? 몸에 좋은 콩이 원료니까 콩기름도 무조건 몸에 좋을까요? 결코 아닙니다. 콩기름도 다른 기름과 마찬가지로 많이 먹으면 비만과 성인병의 원인이 됩니다. 액상 과당도 마찬가지입니다. 옥수수 자체는 좋은 식품이지만 옥수수에서 추출한 액상 과당까지 옥수수와 동급으로 보기는 어렵습니다.

　이제 햄으로 넘어가 봅시다. 옥수수를 먹고 자란 돼지로 만든 햄 말입니다. 앞서 이야기했듯이 옥수수를 사료로 사용하는 것은 효율성 면에서 보면 낭비에 가깝습니다. 같은 양의 옥수수를 소, 돼지, 닭 같은 가축에게 먹인 뒤 그 가축의 고기를 먹으면, 실제 우리가 얻는 에너지는 옥수수가 지닌 에너지의 극히 일부일 뿐입니다. 옥수수의 열량 중 대부분이 가축들이 살아가는 데 필요한 에너지로 쓰이기 때문입니다. 예컨대 열 명이 먹기에 충분한 옥수수를 소에게 먹이면 한 사람이 먹을 만큼의 고기와 우유밖에 얻지 못한다고 합니다. 즉, 옥수수를 가축의 사료로 사용한 뒤에 그 가축을 잡아먹으면 옥수수가 가진 열량의 10퍼센트 정도만 얻을 수 있는 것입니다.

　게다가 이 햄 속에도 현대의 식품 가공 구조가 낳은 비밀이 숨어 있습니다. 원래 어떤 식품이든 중간 과정이 더해지면 가격이 비싸집니다. 흙 묻은 당근보다 깨끗이 씻은 당근이 더 비싸게 팔리는 것은 흙을 털기 위해 들어간 노동력과 물의 비용이 가격에 포함되기 때문이지요. 그런데 이상하게도 햄이나 소시지는 고기보다 훨씬 쌉니다. 콩을 가공해 만든 콩기름도 같은 무게의 콩보다 싸고요. 여러 물질과 노동력이 추가되었는데도 원재료보다 싼값에 공급되다니 이건 무슨 마술일까요?

이유는 간단합니다. 생산비가 더 적게 들기 때문이지요. 고기를 소시지로 만드는 과정에서 여러 첨가물을 더해 부피를 늘리는데, 이 첨가물에는 물이나 전분, 각종 인공 화합물 등 고깃값보다 월등히 싼 것들이 많아서 생산비가 낮아집니다. 따라서 가공식품을 먹는다는 것은 값싼 첨가물도 함께 먹는다는 것을 의미합니다.

원재료의 특성을 거의 잃은 채 다양한 첨가물이 뒤범벅된 음식이 과연 우리 몸에 좋을까요? 엄격한 심사 기준을 통과한 첨가물일지라도 오랫동안 섭취했을 때 인체에 어떤 영향을 미칠지는 확실히 알 수 없습니다. 우리 몸에 편안한 음식은 우리가 오랫동안 가장 많이 먹어 왔던 음식, 최대한 가공 과정이 적고 첨가물이 적게 포함된 음식입니다.

자, 이렇게 보니 간단히 먹는 아침 식사 속에도 과학과 관련된 놀라운 비밀이 숨어 있었네요. 아침 식사를 꼭꼭 챙겨 먹는 것도 중요하지만, 무엇을 먹을지 선택하는 것도 그에 못지않게 중요하겠죠?

과학, 사생활을 훔치다

03

7시 37분 엘리베이터 안에서 원맨쇼를 펼치다

훈이의 집은 아파트 19층. 오늘도 훈이는 버튼을 스무 번쯤 팍팍 누른 뒤에야 겨우 엘리베이터에 탔다.

훈이는 엘리베이터 안에 양쪽으로 붙은 거울을 보며 혀를 쑥 내밀었다. 그러자 거울 속의 훈이들도 일제히 혀를 내밀었다. 내 친김에 훈이는 원숭이 흉내도 내고, 코를 뒤집어 돼지 코도 만들 었다. 유치한 행동이지만, 거울 속의 훈이들이 똑같이 행동하는 모습이 꽤나 재미있었다. 거울 놀이에 푹 빠져 있던 훈이는 순 간, 정신이 번쩍 들었다. 엘리베이터 천장에 달린 CCTV가 눈에 들어왔기 때문이다. 거울 앞에서 온갖 원맨쇼를 한 것이 CCTV에 고스란히 찍혔을 거라 생각하니 훈이는 쥐구멍에라도 들어가고 싶었다.

'우씨, 어디 가나 CCTV 없는 곳이 없다니까!'

창피한 마음에 훈이는 CCTV에 등을 돌리고 섰다. 엘리베이터 벽에는 못 보던 전단이 하나 붙어 있었다.

[주민 안내문]

얼마 전 이 일대에서 초등학생을 납치해 몸값을 뜯어내려 한 사건이 있었습니다. 이 사건은 자칫 미궁에 빠질 뻔했지만 다행히도 이 초등학생이 사는 아파트 엘리베이터의 CCTV에 범행 현장이 촬영되어 범인이 검거되었습니다. 최근 어린아이나 여성을 대상으로 한 파렴치한 사건들이 자주 보도되고 있으니, 주민 여러분께서는 각별히 주의하시기 바랍니다.

훈이가 여기까지 읽었을 때 엘리베이터가 1층에 멈추어 섰다. 훈이는 누가 볼세라 후다닥 뛰어내렸지만 얼핏 본 전단의 내용이 내내 머릿속에 맴돌았다.

'CCTV가 성가시다고만 생각했는데, 좋은 점도 있구나. 그럼 CCTV를 더 많이 설치해야 하는 거 아냐?'

조용히 번뜩이는 CCTV의 눈

　요즘은 사람들의 동선을 파악하는 것이 어려운 일이 아닙니다. 신용카드와 교통 카드는 사용할 때마다 기록되고, 인터넷 사이트에 로그인하면 어김없이 흔적이 남는 데다, 도처에 널린 CCTV가 사람들이 어디로 이동하고 무얼 하는지 낱낱이 촬영

하고 있으니까요. 누구나 하나씩 가지고 있는 휴대폰의 카메라도 개인을 감시하는 도구가 됩니다. 성추행하는 남성이나 막말하는 여성의 동영상 등은 모두 휴대폰으로 촬영된 것들이었습니다. 이번에는 이렇게 우리 행동을 감시하고 기록하는 도구 중 CCTV에 대해 한번 알아볼까요?

생활 속에 파고든 CCTV

CCTV^{Closed Circuit Television}란 폐쇄 회로 텔레비전을 뜻하는 말로, 보통의 텔레비전 방송이 불특정 다수를 대상으로 방송하는 것과 달리 특정한 수신자만 화면을 볼 수 있도록 한 카메라입니다. 공개적이지 않다고 해서 '폐쇄 회로'란 말이 붙었지요. 또 CCTV는 '무인 감시 카메라'라고 부르기도 합니다. 사람의 조작 없이 '저절로' 촬영되는 데다, 그 목적이 특정한 행동을 '감시'하는 것이기 때문입니다.

CCTV는 촬영을 하는 카메라와 촬영한 영상을 녹화하는 녹화기^{DVR : Digital Video Recorder}로 구성되어 있습니다. 우리가 휴대폰으로 찍은 사진을 외장 하드로 옮기거나 클라우드에 업로드하듯 CCTV로 촬영된 영상은 녹화기로 옮겨져 저장됩니다. 최근에는 적외선을 이용해 어두운 곳에서 찍을 수 있는 CCTV나 인공지능이 탑재된 지능형 CCTV도 만들어졌지만, 어쨌든 사람의 조작

없이 찍고 저장한다는 기본 기능은 같습니다.

최초의 CCTV는 1942년 독일의 기술자 월터 브룩이 미사일 발사 장면을 촬영하기 위해 만들었다고 합니다. 1949년 미국은 CCTV를 베리콘Vericon이라는 이름으로 도입해 정부에서 사용하기 시작했습니다. 이렇게 초기에는 주로 군사용이나 정부 시설의 보안용으로 쓰이던 CCTV는 1968년 폭력 사건을 감시하기 위해 뉴욕의 주요 거리에 설치되면서 점차 은행, 백화점 등으로 퍼져 나갔습니다.

요즘은 어딜 가든 CCTV를 쉽게 볼 수 있습니다. 은행이나 백화

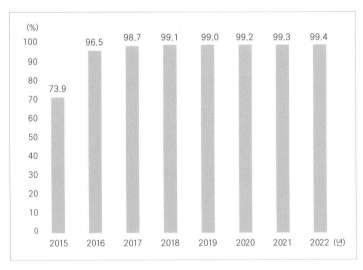

전국 어린이집 CCTV 설치율 현황. 아동 학대에 대한 우려로 2015년 어린이집 CCTV 설치 의무화 법안이 통과되면서 거의 모든 어린이집에 CCTV가 설치되었다.

점뿐 아니라 버스나 지하철 같은 대중교통, 아파트 엘리베이터와 동네 상점, 심지어는 골목길 가로등에까지 CCTV는 마치 자체 발생이라도 하는 양 곳곳에 계속 설치되고 있습니다. 2021년 전국의 공공 기관에 설치된 CCTV의 개수는 145만 대를 넘어섰다고 합니다. 민간에 설치된 CCTV까지 모두 파악하는 것은 힘든 일이지만, 국가인권위원회에서는 2017년 기준으로 전국에 설치된 CCTV를 800만 대 이상으로 추정하고 있습니다. 그리고 이런 CCTV의 급속한 확산 이면에는 안전에 대한 불안감이 자리하고 있습니다.

CCTV는 안전을 지키는 수호자?

훈이가 엘리베이터에서 본 전단의 내용은 우리나라에서 실제로 일어났던 사건입니다. 당시 범인은 혼자 엘리베이터를 탄 어린아이를 납치하려고 했으나 아이의 비명을 듣고 달려온 동네 주민을 보고 도망쳤습니다. 하지만 그 장면이 CCTV에 고스란히 녹화된 덕에 결국 붙잡혔지요. 이렇게 CCTV가 여러 강력 사건 해결에 중요한 역할을 하면서 방범용 CCTV 설치를 허용하는 분위기가 형성되었고, 지금은 CCTV 설치를 의무화한 곳도 많습니다.

범죄가 늘어나고 잔인해지는 현실에서 CCTV는 훌륭한 방범 수단이 될 수 있습니다. 아무리 경찰이 눈에 불을 켜고 순찰하더라도 매 순간 모든 장소를 살펴보기는 불가능합니다. 이런 상황에서 CCTV는 경찰의 눈을 대신하는 일등 공신입니다. 게다가 CCTV는 그 존재 자체로 '누군가 날 지켜보고 있다'라는 경고를 보내 범죄를 어느 정도 예방하기도 합니다.

　현재 우리나라에서는 누구나 CCTV를 설치할 수 있습니다. 물론 원한다고 아무 곳에나 설치할 수 있는 것은 아닙니다. 개인정보보호법 제25조에서 정해 놓은 영상정보처리기기의 설치 및 운영 제한 규정을 따라야 하지요. 특수한 경우를 제외하고는 공공장소나 사생활 침해의 우려가 있는 곳에는 CCTV 설치를 할 수 없고, CCTV를 설치하더라도 운영에 관련한 구체적인 지시 사항을 따라야 합니다. 어쨌든 이러한 규정만 따른다면 개인도 CCTV를 설치할 수 있습니다. 그리고 이렇게 개인이 설치한 CCTV는 공개적으로 설치된 방범용 CCTV와 달리 은밀한 장소에서 몰래카메라로 쓰일 가능성이 있습니다. CCTV가 소형화되고 무선 기능까지 추가되면서 이 가능성은 더욱 높아졌습니다.

　특히 요즘에는 CCTV에 담긴 모습이 그대로 동영상 파일이 되어 전 세계로 퍼져 나갈 수도 있습니다. 만약 누군가 여러분이 옷을 갈아입는 모습이나 목욕하는 모습을 몰래 찍어 인터넷에 퍼뜨린다고 생각해 보세요. 얼마나 당황스럽고 화가 날까요?

　2004년 전남 순천의 한 대중목욕탕에서 여자 탈의실에 CCTV

를 설치했다는 사실이 알려진 적이 있습니다. 목욕탕 주인은 탈의실에서 도난 사건이 일어나 CCTV를 설치했다고 주장했지만, 알몸을 노출해야 하는 목욕탕에 CCTV가 있다는 사실을 들은 사람들은 한목소리로 분노했지요. 하지만 목욕탕 주인은 아무런 처벌도 받지 않았습니다. 당시 법으로는 공공장소의 CCTV 설치가 불법이 아니며, 촬영 장면을 고의로 유출하지 않는 한 단속 대상이 되지 않는다는 것이 이유였습니다.

이 사건이 논란이 되면서 2005년 관련법이 제정되었습니다. 목욕탕이나 찜질방, 화장실처럼 사생활 침해의 우려가 있는 곳에서는 CCTV 설치가 금지되었지요. 하지만 이후에도 목욕탕이나 탈의실에 CCTV를 설치했다가 적발된 사례가 적지 않습니다. 지난 2022년에도 경기도 양주의 한 골프장에서 탈의실에 CCTV를 설치했다는 사실이 밝혀지면서 경찰의 조사를 받은 바 있습니다.

CCTV 영상 유출 사건도 꾸준히 발생하고 있습니다. 누군가 고의로 영상을 인터넷에 올리는 사례도 있고, 실수로 영상이 유출되는 사례도 있습니다. 아무리 파일을 신경 써서 보관한다 하더라도 해킹되어 유출될 가능성이 얼마든지 있기 때문이지요. 그리고 인터넷의 특성상, 일단 공개된 영상은 계속 복제되며 퍼지기 쉽습니다.

과학의 발달로 인한 사생활 침해가 꼭 CCTV에 한정된 것은 아닙니다. 포털 사이트의 지도 서비스도 그렇습니다. 내비게이션 시스템에 위성사진이나 실제 거리 사진을 보여 주는 기능이 추가되면서 문제가 벌어졌지요. 자기 집 옥상에서 나체로 일광욕을 하던 사람, 후미진 거리에서 애정 행각을 벌이던 연인, 상대방을 잔인하게 폭행하던 범죄자 등이 지도 서비스의 스트리트뷰나 로드뷰에 무차별적으로 올라왔거든요. 인터넷을 통해 편리하게 길을 찾게 된 대신, 집을 나서는 순간부터 내 모습이 전 세계로 생중계될 가능성에 노출된 셈입니다.

요즘에는 누구나 인터넷에 개인적인 공간을 열어 두고 그 안에서 지인들과 소식을 주고받거나 자기 생각을 이야기하곤 합니다. 그러다 보니 과거에 큰 의미를 두지 않고 남긴 글이나 사진이 인터넷을 타고 일파만파로 번지는 경우가 종종 있습니다. 실제로 2009년 한 아이돌 그룹의 멤버가 데뷔 전 자신의 홈페이지에 올렸던 글이 한국 비하 발언이라고 알려지면서 그룹에서 탈퇴하고 연예계 활동도 멈춰야 했던 사건이 있었습니다. 그나마 개인 홈페이지는 이웃 관리나 비공개 글쓰기라도 가능하지만 트위터 같은 소셜 네트워크 서비스에는 최소한의 보호 장치도 없어서 무심코 쓴 말 한마디가 엄청난 파장을 몰고 오는 경우가 많습니다.

다시 CCTV 이야기로 돌아가 봅시다. CCTV가 범죄 예방과 해결에 도움이 되는 것은 확실합니다. 하지만 무분별하게 사용하면 사생활 침해는 물론이고, 사회 전체가 서로를 감시하는 것을 당연시하게 될 수도 있습니다.

우리는 흔히 과학을 양날의 칼에 비유하곤 합니다. 양쪽이 모두 날카로운 칼은 적을 무찌르는 데 유용하지만 자칫하면 칼을 휘두른 사람도 치명상을 입을 수 있습니다. 범죄 예방에는 도움이 되지만 사생활 침해의 우려가 있는 CCTV부터 원자력발전으로 편리함을 주지만 언제 폭탄이 되어 우리를 위협할지 모르는 핵에너지까지, 과학이 낳은 많은 결과물이 양날의 칼로 작용합니다.

따라서 지금 우리에게 필요한 것은 과학을 세상에 적용할 때 그것이 유용하게 사용되는 경우와 악용되는 경우를 모두 고려하고, 악용을 막는 방법을 미리 고심하는 자세입니다.

예를 들어 처음부터 모든 CCTV를 등록제로 운영하는 법을 만들었다면 CCTV가 지금처럼 마구잡이로 설치되지는 못했을 것입니다. 기술 그 자체로 악용을 막을 수도 있습니다. 모든 CCTV를 일정한 크기 이상으로 제작해 몰래 숨길 수 없도록 한다거나, CCTV에 불빛이나 반사판 같은 표식을 달아 눈에 잘 띄도록 하는 것입니다. CCTV의 영상을 특수한 암호나 인증서가 있어야만 복제할 수 있게 제작한다거나, 전용 플레이어에서만 볼 수 있도록 만든다면 무분별한 파일 유출도 예방할 수 있을 테지요.

하지만 여전히 사회도 기업도 새로운 물건을 만들어 파는 데만 급급해서 그것이 악용될 가능성은 염두에 두지 않는 것이 현실입니다. 일단 악용되기 시작하면 그것을 만든 사람 역시 꼼짝없이 피해자가 될 수 있는데도 말입니다.

지구온난화라면서 왜 이렇게 춥지?

04

7시 48분 빙판길에서 엉덩방아를 찧다

등교를 위해 아파트 입구를 나선 훈이는 몸이 절로 움츠러들었다. 밖에는 칼바람이 몰아치고 있었기 때문이다.

"어휴, 날씨가 미쳤나. 왜 이렇게 추운 거야?"

3월인데 봄기운이 돌기는커녕 영하를 밑도는 날씨가 이어지고 있었다. 어제부터 내려진 한파주의보도 아직 풀리지 않았다.

두꺼운 패딩 점퍼도, 주머니에 넣어 둔 핫팩도 소용없었다. 버스 정류장까지 가는 그 잠깐 동안, 귀가 빨갛게 얼고 발가락은 시리다 못해 감각이 없어질 지경이었다. 훈이는 한시라도 빨리 버스를 타고 싶었다. 버스 안은 그래도 따뜻할 테니까.

조급한 마음과는 다르게 훈이는 좀처럼 속도를 내지 못했다. 엊그제 내린 폭설로 길이 온통 빙판이었다. 미끄러지지 않으려고 조심조심 걷다 보니 걸음이 느릴 수밖에 없었다.

'작년 여름에는 쪄 죽을 것처럼 덥더니, 겨울은 겨울대로 엄청 춥네. 근데 지구온난화라더니 왜 이렇게 추운 거야? 남극의 얼음이 다 녹네, 북극곰이 물에 빠져 죽네 하고 뉴스에서 호들갑을 떨었잖아.'

그때 훈이의 입에서 비명이 터져 나왔다.

"으악!"

생각에 너무 골몰한 탓일까, 훈이의 한쪽 발이 죽 미끄러져 버린 것이다. 급히 균형을 잡으려 애썼지만 소용없었다. 훈이는 그대로 넘어져 엉덩방아를 찧었다.

'아침부터 재수 꽝이네!'

훈이는 아픔보다는 창피함에 얼굴이 화끈 달아올랐다. 이 모습을 친구들이 봤다면 일주일 내내 놀림거리가 되었을 것이다. 훈이는 얼른 일어나 버스 정류장을 향해 엉금엉금 걷기 시작했다.

이상기후로 몸살 앓는 지구

저런, 훈이가 다치지 않았나 모르겠네요. 언젠가부터 우리나라에서 여름은 해마다 점점 더워지고, 겨울은 점점 추워지고 있습니다. 뉴스에서는 예년과 다른 이상 폭염과 이상 한파가 지구 온난화의 결과라고 이야기합니다. 그런데 좀 이상하지요. 지구 온난화라면 지구가 점점 더워지는 것 아닌가요? 여름이 길어지고 더워지는 것은 이해가 가는데 어째서 겨울이 더 추워지는 것일까요?

최근 들어 지구촌 곳곳에서는 폭염과 가뭄뿐 아니라 강추위와 폭설이 빈번하게 일어나고 있습니다. 지난 2022년 크리스마스 연휴에는 미국 중부지방에 겨울 폭풍이 몰아닥쳤습니다. 이 여파로 시카고는 영하 21도, 덴버는 영하 31도까지 기온이 떨어졌고, 몬태나에서는 기록적인 한파인 영하 46도를 기록하기도 했습니다. 원래 이 지역의 12월 평균기온이 영하 3도에서 영하 8도 사이인 것을 감안한다면, 역대급 추위라고 할 만하지요.

비슷한 시기, 지구 반대편에 자리 잡은 우리나라에도 한파가 몰아닥쳤습니다. 기상청에서 발표한 자료에 따르면 2022년 12월 서울·경기 지역에 한파주의보가 내린 날은 6일이었습니다. 평년의 한파 일수가 1.8일인 것에 비하면 몇 배나 많은 수치였죠. 2023년 1월 설날에는 추위가 극에 달해 서울 지역 기온이 영하 17.3도까지 떨어졌고, 여기에 칼바람까지 불어 체감온도는 영하 33도까지 내려갔습니다. 엎친 데 덮친 격으로 난방 요금까지 올라 그해 겨울 난방비 폭탄을 맞은 집이 한둘이 아니었지요.

이런 이상 한파를 겪은 사람들은 지구온난화가 순 거짓말이 아니냐고 볼멘소리를 하기도 합니다. 하지만 과학자들은 오히려 최근의 한파야말로 지구온난화의 본격적인 시작이며, 앞으로 더 추워지는 지역이 나타날 수 있다고 경고합니다. 지구의 평균기온이 올라갈수록 특정 지역의 겨울이 더 추워지는 이 황당한 현상을 이해하기 위해 먼저 지구의 온실효과와 에너지 재분배 시스템에 대해 알아봅시다.

지구가 실천하는 나눔의 정신

지구온난화로 인한 이상 한파를 다룬 영화가 있는데 바로 「투모로우」입니다. 20년 전 영화지만 꽁꽁 얼어붙은 북반구 대도시들을 묘사한 장면은 여전히 충격적으로 다가옵니다. 전기와 가스가 끊긴 대도시에서 추위를 피해 도서관으로 도망친 주인공들은 의자와 책을 태우며 겨우겨우 목숨을 이어 가지요. 그런데 무서운 것은 이런 장면이 실제로도 일어날 수 있다는 사실입니다.

여러분도 알다시피 지구는 스스로 에너지를 내지 못합니다. 태양에서 받은 복사에너지를 다시 방출할 뿐이지요. 태양이 뿜어내는 에너지는 주로 자외선과 가시광선의 형태를 띠지만, 지구처럼 온도가 낮은 행성은 이를 다시 적외선의 형태로 바꾸어 방출합니다. 대기가 없는 행성에서는 들어온 태양에너지가 그대로 다

우주로 나가지만, 지구나 금성처럼 대기가 있는 행성에서는 조금 다른 현상이 일어납니다. 자외선과 가시광선은 파장이 짧아 대기를 그대로 통과하는데, 파장이 긴 적외선은 대기 중 몇몇 기체에 부딪혀 다시 지표로 흡수되거든요. 이렇게 흡수된 에너지는 행성의 온도를 높이는 역할을 합니다. 마치 유리로 만들어진 온실이 내부에 열을 가둬 외부보다 기온을 높게 유지하는 것처럼요. 그래서 이러한 현상을 온실효과라고 하고, 적외선이 밖으로 빠져나가지 못하게 막는 기체를 온실 기체 또는 온실가스라고 합니다. 온실가스라고 하면 흔히 이산화탄소만을 떠올리지만 이 밖에도 온실가스는 많습니다. 수증기, 메테인, 이산화질소 등도 대표적인 온실가스라고 할 수 있죠.

온실가스가 나쁜 것만은 아닙니다. 사실 우리 같은 생명체가 존재하는 것도 모두 온실가스 덕분입니다. 만약 지구에 온실가스가 없다면 어떻게 될까요? 햇빛이 닿는 곳은 100도가 넘어가지만, 그늘진 곳은 영하 수십도 이하로 떨어지는 극단적인 기온 변화가 나타날 것입니다. 달이나 화성처럼요. 반면 온실가스가 너무 많아도 문제가 됩니다. 빠져나가지 못한 열 때문에 지구는 펄펄 끓는 불바다가 될 테니까요. 금성이 이런 경우입니다. 금성은 대기의 대부분이 이산화탄소로 구성된 탓에 표면 기온이 470도나 됩니다.

그에 비해 지구는 0.03퍼센트라는 매우 적절한 이산화탄소 농도를 오랫동안 유지해 왔습니다. 그 덕분에 평균기온도 15도를 유지할 수 있었죠. 태양계의 여덟 행성 중 유일하게, 어쩌면 전 우주에서 유일하게 지구에서만 생명이 탄생할 수 있었던 건 이렇게 지구가 생물이 살아가는 데 적합한 기온을 지녔기 때문일 것입니다. 그만큼 온실가스에 의한 온실효과는 지구의 생태계가 형성되는 데 결정적인 역할을 했습니다.

물론 평균기온이 15도라고 해서 지구상 모든 지역이 다 똑같은 기온인 것은 아닙니다. 지구는 구형이기 때문에 위도에 따라 받을 수 있는 태양에너지의 양이 다르거든요. 게다가 중심축이 23.5도 정도 삐딱하게 기울어져 있어 계절에 따라 받는 태양에너지의 양에도 차이가 납니다. 대체로 위도가 높은 극지방으로 갈수록 태양에너지를 적게 받아서 춥고, 위도가 낮은 적도 지방으로 갈수록 태양에너지를 많이 받아서 덥습니다.

다행히 지구는 나눔의 정신을 몸소 실천하는 존재입니다. 자유롭게 흐를 수 있는 바다와 대기를 이용해 적도 지방에서 남아도는 열에너지를 극지방에 나누어 주는 것이지요. 열에너지가 이렇게 순환하지 않았다면 저위도 지역과 고위도 지역의 기온 차이는 지금보다 훨씬 더 벌어졌을 겁니다.

이러한 열 분배 시스템에서 큰 역할을 하는 것이 지구 표면의

70퍼센트 이상을 차지하는 바다입니다. 태양 빛을 듬뿍 받아 따뜻해지고 가벼워진 적도 지방의 바닷물은 열에너지를 가득 실은 채 바다 표면을 따라 극지방으로 흘러갑니다. 반면 차갑고 무거운 극지방의 바닷물은 해저를 통해 적도로 흘러가지요. 이런 식으로 생겨난 대표적인 바닷물의 흐름이 멕시코만류입니다.

멕시코만류는 대서양의 적도 지방에서 시작해 서유럽의 해안을 거쳐 극지방 쪽으로 올라가는 난류, 즉 따뜻한 바닷물입니다. 멕시코만류가 올라가면서 열을 주변에 나눠 주기 때문에 파리나 런던 등 유럽의 도시들이 같은 위도에 있는 캐나다의 몬트리올보다 훨씬 따뜻합니다.

여기저기 열을 나눠 주며 긴 여행을 한 멕시코만류는 그린란드 근방에 도착할 때쯤이면 차가워질 대로 차가워집니다. 게다가 그동안 수분이 많이 증발해서 염분이 농축된 아주 짠 바닷물이

멕시코만류의 흐름. 멕시코만류는 대서양을 따라 흐르면서 열에너지 순환에 큰 역할을 담당하고 있다. 만약 멕시코만류가 제 기능을 하지 못하면 이 주변 국가들의 기후는 크게 변할 것이다.

되어 있지요. 물은 차가울수록 무겁고, 염도가 높을수록 무겁습니다. 말 그대로 '짜게 식은' 멕시코만류는 초당 190억 리터라는 엄청난 속도로 아래로 곤두박질치고, 심층해류가 되어 해저를 따라 더운 고향으로 되돌아갑니다. 그리고 적도 근처 고향에서 따뜻하게 데워진 바닷물은 다시 멕시코만류가 되어 북대서양을 올라가는 일을 반복하지요.

이처럼 해류의 순환에는 바닷물의 온도와 염도가 중요한 작용을 합니다. 이를 두고 과학자들은 열염분 펌프라는 말을 쓰는데, 바닷물의 온도와 염도가 바다라는 커다란 수프를 골고루 섞어 주는 커다란 국자 역할을 한다는 의미입니다. 지금까지 지구는 열염분 펌프로 인해 생기는 해류의 순환 덕분에 오랫동안 평균기온을 유지해 왔습니다. 그런데 최근 들어 열염분 펌프의 힘이 약해지고 있습니다. 바로 지구온난화 때문이지요.

지구온난화가 불러온 열의 빈부 격차

지구의 평균기온이 올라갔을 때 가장 눈에 띄게 일어나는 현상은 극지방의 빙하가 녹는 것입니다. 유엔의 기후변화협약에 따르면 지난 세기 동안 지구의 다른 곳에서는 기온이 평균 0.6~2도 오른 데 비해 북극에서는 5도 정도 올랐고, 이로 인해 빙하의 양이 눈에 띄게 줄어들었다고 합니다. 이렇게 대규모로 빙하가 녹아내리면 열염분 펌프가 약해집니다.

멕시코만류 같은 바닷물은 빠르고 세게 하강해야 적도까지 돌아갈 추진력을 얻습니다. 그러기 위해서는 높은 염도가 필수적이죠. 그런데 민물인 빙하가 녹아내리면서 바닷물의 염도를 낮추면 아래로 가라앉는 힘이 약해집니다. 이렇게 열염분 펌프가 힘을 잃으면 열을 나눠 주는 능력도 떨어져서 적도 지방은 더 더워지고, 극지방은 더 추워지는 '열의 빈부 격차'가 나타나게 됩니다.

물론 빙하가 녹아서 해류의 교란 현상이 일어난 게 이번이 처음은 아닙니다. 가까운 예로 1만 2천 년 전에도 있었다고 하죠. 당시 북아메리카 대륙에 남아 있던 대규모 빙하가 녹아내리면서 방대한 양의 민물이 바다로 유입되는 바람에 북대서양 근처

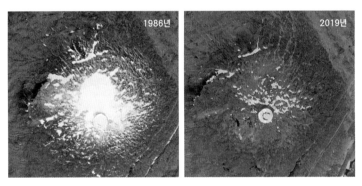

미국항공우주국(NASA)에서 랜드샛 8호 위성을 통해 관측한 아이슬란드의 오크 화산 빙하. 한때 산등성이를 뒤덮었던 빙하가 지금은 흔적만 남아 있다.

의 해류 순환이 급속도로 느려졌습니다. 다시 열염분 펌프가 제자리를 찾을 때까지는 무려 천 년이라는 시간이 걸렸고, 그사이 유럽 일대는 극심한 추위에 시달렸습니다.

지구온난화 이야기를 하면, 온도가 조금 올라가는 것이 그렇게 큰 문제인가 고개를 갸우뚱하는 사람들도 있습니다. 사실 지구는 오랜 세월을 거치면서 수없이 많은 기상이변과 온도 변화를 겪었습니다. 예를 들어 공룡의 시대로 알려진 중생대의 쥐라기에는 지구의 평균기온이 지금보다 3도 정도 더 높았고, 빙하는 어디에서도 찾아볼 수 없었지만, 각종 생물이 번성했습니다. 그러니 지금보다 온도가 조금 더 올라간다고 한들 지구상에서 생명체가 사라지거나 하는 일은 없을 겁니다. 그렇다면 왜 그토록 탄소 배출을 억제해서 지구온난화를 막아야 한다고 소리를 높이는 것일까요?

지구 생태계 안에서는 모든 것이 유기적으로 얽혀 있습니다. 작은 지역에서 일어나는 변화도 전 지구로 퍼져나갈 수 있지요. 기온 상승이라는 하나의 변수가 연쇄 작용을 일으키면 빙하가 녹고, 열염분 펌프가 교란되고, 바람의 흐름이 바뀌고, 폭염과 폭우와 폭설과 가뭄과 해일이 늘어납니다. 그리고 이런 기상이변 속에서 피해를 입는 건 바로 우리들입니다.

물이 가득 든 수조를 한번 휘저어 보세요. 순식간에 커다란 물결이 생길 겁니다. 시간이 지나면 물은 다시 잔잔해지겠지만, 출렁임이 가라앉을 때까지는 꽤 시간이 걸립니다. 마찬가지로 지구에 변화가 찾아오면 새로운 균형점을 찾을 때까지 아주 오랜 시간이 걸립니다. 그 과정에서 수많은 사람이 집을 잃고, 살아갈 터전을 잃게 됩니다. 사랑하는 가족과 자신의 목숨마저도 위협받는 상황에 놓이게 되는 것이지요.

우리는 무엇을 해야 할까

산업혁명 이후, 인류는 수천만 년 동안 잠자고 있던 석탄과 석유를 캐내 마구 태워 댔습니다. 석탄과 석유처럼 탄소^{C}를 함유한 물질을 태우면 탄소가 공기 중의 산소^{O_2}와 결합해 이산화탄소^{CO_2}를 만들어 냅니다. 즉, 석유와 석탄을 때서 발전소를 돌리고, 공장을 가동하고, 자동차를 움직일 때마다 우리는 대기 중에 온실가스인 이산화탄소를 방출하는 것이지요.

산업화 이전에는 0.03퍼센트에 조금 못 미쳤던 대기 중 이산화탄소 농도가 지금은 평균 0.04퍼센트로 늘어났습니다. 더구나 이산화탄소를 흡수하는 역할을 하는 나무와 숲이 인간의 손에 파괴되어, 그 상승 속도는 더욱 빨라지고 있습니다. 한때는 지금의 기온 변화가 인간 활동에 의한 것이 아니라는 주장이 있기도 했습니다. 주기적으로 반복되는 빙하기와 간빙기의 교체기에 나타나는 현상일 뿐이라고요. 그러나 대기 중 이산화탄소의 농도 변화와 기온 상승은 인간이 화석연료를 대량으로 태워 대기 시작한 시기와 정확히 맞아떨어집니다. 우리의 잘못이 아니라는 반박은 더 이상 하기 어려워졌죠.

그러자 누군가는 이렇게 말하기도 합니다. 우리가 잘못한 건 맞지만 일은 이미 벌어졌고, 손쓸 수 있는 시기는 지났다고 말이에요. 대안이 없으니 그냥 견디고 받아들여야 한다고요. 과연 그럴까요? 물론 지구온난화는 시작되었고, 그로 인한 기상이변과 기후변화도 현재 진행형입니다. 하지만 아직 티핑 포인트를 넘지는 않았습니다.

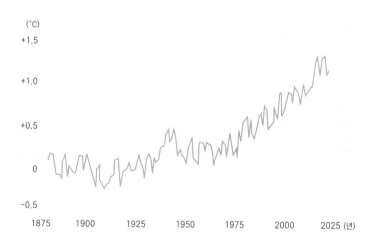

최근 150여 년 동안 지구의 평균기온 변화. 산업혁명 이후 기온은 꾸준히 상승해 왔다.

컵에 물을 가득 채운 뒤, 스포이트로 물을 한 방울씩 계속 떨어뜨려 보세요. 물은 표면장력이 있어서 처음에는 봉긋이 솟아오르기만 할 뿐 쉽게 흘러넘치지 않습니다. 그러다가 결정적 물방울이 떨어지는 어느 한 순간, 갑자기 솟아올랐던 물이 와르르 쏟아집니다. 이렇게 처음에는 미미하게 진행되다가 어느 순간 예기치 못한 거대한 일이 한순간에 폭발적으로 일어나는 시점을 티핑 포인트라고 합니다. 일단 티핑 포인트가 지나면 일을 거꾸로 되돌리기는 쉽지 않지요.

스포이트로 물방울을 계속 떨어뜨린다면 언젠가 물이 넘치긴 할 거예요. 그런데 그 속도를 조절하면 어떨까요? 물방울을 아주 천천히 떨어뜨린다면요? 예를 들어 하룻밤 지나서 다음 방울을 추가한다면요? 그럼 밤새 물이 증발할 테니, 몇 방울쯤 더 떨어뜨릴 여유가 생길 수도 있습니다. 우리에게 가장 없는 것도 시간이지만, 우리가 할 수 있는 유일한 대응도 시간을 버는 것입니다. 바로 티핑 포인트에 도달하는 시간 말입니다.

많은 과학자들이 지구의 평균기온이 2도 이상 올라가는 순간을 티핑 포인트로 보고 있습니다. 지구의 평균기온은 이미 1.3도 이상 상승했으므로 우리에게는 여유가 별로 없습니다. 벼랑 끝에서 있다고 해도 과언이 아니지요. 만약 그 티핑 포인트에 도달하는 시간이 10년이라면 우리와 우리 다음 세대는 끔찍한 기상이

변에 노출된 불안한 삶을 살게 될 것입니다. 하지만 우리가 탄소 배출을 낮추는 데 성공해 그 시간을 100년으로 늦춘다면 그사이 발전한 과학기술로 새로운 대안을 모색해 볼 수도 있을 것입니다. 언젠가는 일어날 일이라고 해도 언제 일어나는지에 따라 그 결과는 완전히 달라질 수 있으니까요.

전기차가 친환경 운송 수단일까?

05

8시 1분 전기 버스를 타다

정류장에 도착하자 저만치서 훈이가 타야 하는 노선의 버스가 오고 있었다. 그런데 버스의 모양이 평소와는 달라 보였다. 뭐가 달라진 거지? 하지만 그런 걸 오래 생각할 여유는 없었다.

'저 버스 놓치면 또 지각이야. 빨리 올라타자.'

버스를 타고 한참을 가던 중 훈이는 자기가 탄 버스의 차이점을 알아차렸다. 차가 너무 조용했던 것이다. 예전 버스는 정차를 했을 때 웅웅거리는 엔진 소리가 났는데, 이 버스는 정차를 해도 조용한 데다 떨림도 없었다.

'아, 이게 새로 도입됐다던 전기 버스구나. 이제야 타 보네.'

전기 버스는 엔진이 아니라 전기모터를 사용하기 때문에 엔진 소음과 떨림 현상이 없다는 이야기를 어디선가 본 기억이 났다. 확실히 흔들림이 적으니 승차감이 좋았다.

'전기 버스, 꽤 괜찮은걸?'

그런데 조금 이상했다. 신호등이 바뀌었는데도 버스가 움직일 생각을 안 한다. 휴대폰만 내려다보던 사람들도 하나둘 고개를 들고 주변을 두리번거리기 시작했다. 운전기사는 당황한 얼굴로 승객들에게 말했다.

"여러분, 죄송합니다. 아무래도 버스가 고장이 난 것 같아요. 이대로는 운행이 힘들 것 같으니, 불편하시겠지만 내려서 다음 버스를 이용해 주세요."

"아니, 잘 가던 차가 왜 갑자기 고장이 난 거죠?"

승객 중 한 명이 볼멘소리로 외쳤다.

"이게 전기차라서요. 날씨가 추운 날에는 배터리가 빨리 방전되는 일이 종종 일어납니다. 오늘 날씨가 좀 추워야 말이죠."

승객들이 불만을 터뜨리는 사이, 훈이는 재빨리 휴대폰으로 다음 버스 시간을 검색했다.

'뭐야, 15분 뒤잖아! 망했다, 지각 확정이네. 전기 버스, 좋은 줄만 알았더니 이게 뭐람!'

새로운 에너지를 둘러싼 딜레마

저런, 훈이가 아침부터 고생했네요. 2000년대 이전에는 버스가 대부분 경유를 사용하는 내연기관 자동차였습니다. 그런데 지금은 천연가스 버스로 많이 바뀌었고, 얼마 전부터는 전기 버스와 수소 버스도 투입되고 있습니다. 서울시에서 전기 버스가 운행되기 시작한 건 2018년부터입니다. 그리고 2023년 4월 기준, 총 731대의 전기 버스가 도로를 달리고 있지요. 서울시에 등록된 시내버스의 수가 7,388대이니 전체의 10퍼센트를 차지하는 셈이네요. 전기 버스에 비해 수소 버스는 아직 그 수가 많지 않습니다. 그러나 정부에서 꾸준히 증차할 예정이라고 밝혔으니 앞으로는 수소 버스도 점점 늘어날 것으로 보입니다. 이렇게 버스의 연료를 경유에서 천연가스로, 그리고 다시 전기와 수소로 바꾸는 것은 매연을 줄여 대기오염을 막고, 나아가 탄소 배출을 줄여 지구온난화를 늦추기 위해서입니다.

청정 운송 수단에서 대기오염의 주범으로

오늘날, 대기오염의 주범 중 하나는 자동차입니다. 거리를 가득 메운 자동차에서 뿜어져 나오는 배기가스는 보기만 해도 숨이 턱 막힐 것 같지요. 자동차는 편리하긴 하지만 대기를 오염시키는 필요악 같은 존재로 여겨집니다. 그러나 자동차가 처음 나왔을 때만 해도 청정한 도시환경을 위한 깨끗한 운송 수단이라는 이미지를 갖고 있었다는 사실을 아시나요?

최초의 자동차가 나온 것은 19세기였습니다. 이전까지 사람들은 걸어 다니거나 말, 당나귀, 낙타 같은 동물을 타고 다녔지요. 그런데 18세기 이후 유럽에서는 산업혁명이 일어나 대도시가 형성되었습니다. 이전에도 도시가 없었던 것은 아니지만 이 시기에 만들어진 도시는 예전과는 비교도 되지 않을 정도로 규모가 컸습니다. 1800년 영국의 수도 런던의 인구는 이미 100만 명을 넘어섰고, 1900년에는 670만 명에 이르렀습니다.

대도시의 주요 운송 수단인 마차를 끄는 말은 도시 미관을 해치는 원인이었습니다. 체중이 500킬로그램인 말은 하루에 건초 7.5~15킬로그램을 먹어 치웁니다. 많이 먹는 만큼 배설량도 엄청나지요. 말이 인간처럼 화장실에서 볼일을 보는 것도 아니니, 마차가 지나간 자리에는 여지없이 말 배설물이 남곤 했습니다. 헨젤과 그레텔이 남긴 빵 조각처럼요. 한두 마리면 그러려니 하겠지만, 인구 수백만의 도시에서 수만 마리의 말이 매일 똥을 싼다고 생각해 보세요. 상상만 해도 냄새가 스멀스멀 풍기는 것 같네요. 당시 도시의 말똥 공해가 얼마나 심했던지 말똥만 전문적으로 수거하는 직업이 존재할 정도였습니다.

그런데 이런 상황에서 자동차가 등장했습니다. 자동차는 석유만 채워 주면 배설물을 전혀 남기지 않습니다. 물론 약간의 검은 연기가 나오기는 하지만 그 정도야 금세 보이지 않게 됩니다. 아직 대기오염이란 것을 겪어 본 적이 없던 당시 사람들에게 자동차는 그야말로 클린 테크놀로지의 결정판처럼 보였을 겁니다.

사실 초기 자동차의 속도는 말의 속도에도 못 미쳤습니다. 게다가 말은 어디나 널려 있는 풀만 먹여도 되지만 자동차는 연료를 사서 넣어야 했으니 경제적인 면에서도 불리했지요. 그래도 지성 있는 교양인이라면 도시환경을 위해 말똥 제조기인 마차 대신 자동차를 몰아야 한다는 생각이 퍼져 나갔습니다. 이렇게 초기만 해도 깨끗한 이미지로 주목받던 자동차가 지금은 대기오염의 주범으로 눈총을 받고 있으니 참 아이러니한 일이지요.

오염 없는 청정에너지를 찾아서

다행히 요즘은 다양한 종류의 청정에너지를 이용한 자동차가 개발되고 있습니다. 청정에너지란 석탄이나 석유와 달리 유독한 오염 물질을 발생시키지 않는 에너지입니다. 게다가 계속 사용해도 고갈되지 않고 다시 사용할 수 있지요. 그래서 청정에너지를 재생에너지라고 부르기도 합니다. 태양열, 수력, 풍력, 조력, 지열, 파력, 수소, 바이오에너지 등이 여기에 속하지요.

21세기를 살아가는 현대인에게 재생에너지는 선택이 아니라 필수입니다. 심각해져 가는 자원 고갈과 환경오염으로부터 인류의 미래와 생태계를 지키기 위해서이지요. 현재 많은 나라에서 주 에너지원을 재생에너지로 전환하기 위해 노력하고 있습니다. OECD 회원국의 평균 재생에너지 사용 비중은 2023년 기준 23.4퍼센트라고 해요. 우리나라는 3.36퍼센트밖에 되지 않지요. 아직 갈 길이 먼 셈입니다. 왜 그럴까요? 재생에너지로의 전환이 생각만큼 간단하지 않기 때문입니다.

수력발전을 예로 들어 볼까요? 수력발전은 떨어지는 물의 위치에너지를 이용해 터빈을 돌려 발전을 하는 것입니다. 그러자면 큰 강을 가로질러 댐과 발전소를 지어야 합니다. 단단한 땅에 건물을 짓는 것도 쉬운 일이 아닌데 흐르는 강물을 막아 높다란 댐을 지어야 하는 것입니다. 또한 댐을 만들면 커다란 인공 호수도 같이 만들어지는데, 이 인공 호수는 주변 생태계에 큰 타격을 입힐 수 있습니다. 결정적으로 수력발전은 강이 없는 사막에서는 아무리 기술이 좋아도 절대로 이용할 수 없습니다.

이처럼 재생에너지는 자연환경의 제약을 많이 받습니다. 태양에너지는 낮에만 얻을 수 있고, 풍력발전은 바람이 많이 부는 곳, 파력발전은 파도가 거세게 몰아치는 곳, 조력발전은 조수 간만의 차이가 큰 곳, 지열발전은 뜨거운 마그마가 지표 근처에 드러난 곳이어야 합니다. 우리에게 필요한 건 언제 어디서나 안정적으로 사용할 수 있는 에너지인데 말이지요. 그래서 등장한 에너지 가운데 하나가 바이오에너지입니다.

바이오에너지란 태양광을 이용해 광합성을 하는 유기물과 그 유기물을 소비해 생성되는 모든 바이오매스에서 발생하는 에너지를 말합니다. 여기서 유기물이란 주로 식물이고, 바이오매스란 에너지를 발생시키는 생물체를 가리키는데 농·축·임산물은 물론이고 생활 쓰레기 중 썩을 수 있는 것들도 모두 포함됩니다. 바이오에너지는 그 근원이 생물이기 때문에 지구에 생물이 존재하는 한 계속 생산할 수 있지요.

생각만큼 친절하지 않았던 바이오 연료

오늘날 운송 수단의 대부분은 휘발유와 경유 등 석유를 연료로 사용합니다. 국제에너지기구IEA에 따르면 석유의 60퍼센트가 운송용으로 사용되며, 운송용 에너지의 91퍼센트가 석유라고 합니다. 그러니 전 세계 운송 수단의 에너지를 다른 에너지로 대

체한다면 석유 사용량을 절반 수준으로 줄일 수 있겠지요

바이오 연료는 한때 차세대 연료로 주목받았을 만큼 장점이 많았습니다. 석유 연료에 뒤지지 않는 화력을 자랑하는 데다, 기존의 주유 시설을 그대로 사용할 수 있어 연료 교체에 따르는 비용이 거의 들지 않지요. 게다가 바이오 연료는 인화점이 높기 때문에 석유 자동차에 비해 폭발 가능성이 상대적으로 낮습니다. 석유 자동차에 비해 안전하다는 말입니다. 무엇보다 바이오 연료는 아황산가스나 질소산화물 같은 대기오염 물질을 발생시키지 않습니다. 물론 바이오 연료도 연소 과정에서 이산화탄소를 내뿜긴 하지만, 그건 식물이 광합성 과정에서 빨아들였던 것을 다시 방출하는 것이기 때문에 큰 문제가 되지 않는다고 알려졌지요.

이런 장점에도 불구하고 현재 바이오 연료의 성장세는 그리 높지 않습니다. 친환경이라 생각했던 바이오 연료가 생각보다 친절한 연료가 아니었던 거예요. 바이오 연료를 생산하기 위해서는 많은 양의 바이오매스가 필요한데, 이 바이오매스에 해당하는 동식물을 길러 내는 과정, 수확하고 처리하는 과정에서 많은 에너지가 소모되기 때문입니다. 어쩌면 화석연료보다 온실가스 배출량이 더 높을 수도 있다는 가능성이 제기되기도 합니다. 경작지를 확장하는 과정에서 산림을 해치고, 이산화탄소를 흡수

하는 토양미생물을 파괴하고, 농약이나 농기계 사용량이 늘면서 오히려 환경에 부담을 준다는 것이죠.

윤리적인 문제에서도 자유롭지 않습니다. 연료 생산에 쓰이는 동식물이 사람이 먹을 수 있는 식량일 경우, 식량 가격의 상승이나 지역에 따른 불균형을 가져올 수 있습니다. 바이오 연료의 원료로 가장 많이 이용되는 옥수수는 인간의 주요 식량 중 하나입니다. 때문에 부자 나라 국민들이 바이오 연료를 이용해 쾌적한 삶을 즐기는 동안, 가난한 나라 국민들은 당장 입에 넣을 곡식이 없어 굶주릴 수도 있는 것입니다. 이러한 문제를 해결하기 위해

쓰레기로 버려지는 부산물이나 해조류를 이용해 바이오 연료를 생산하는 방법이 논의되고 있지만, 그 동력은 많이 약해진 상태입니다.

전기와 수소, 석유를 대체할 수 있을까?

바이오 연료가 지지부진하던 사이, 전기차와 수소차가 새로운 대안으로 떠올랐습니다. 전기차와 수소차는 모두 전기로 움직이는 자동차입니다. 차이가 있다면 전기차는 배터리에 미리 충전된 전기로 움직이고, 수소차는 탱크에 저장된 수소를 공기 중의 산소와 반응시켜 만든 전기로 움직인다는 것이지요.

전기차의 가장 큰 장점은 대기오염 물질을 내뿜지 않는다는 것입니다. 엔진이 아니라 전기모터로 돌아가기 때문에 조용하고, 석유보다 연료비가 덜 들어 경제적이기도 합니다. 점점 강화되고 있는 탄소 배출 규제 정책에 힘입어 전기차의 성장 속도는 눈에 띄게 빨라졌습니다. 2022년 우리나라에서 팔린 전기차는 총 16만 4,482대로, 전체 자동차 판매량의 10퍼센트에 달했습니다. 2012년 전기차 판매량이 겨우 860대였다는 걸 생각하면 놀라운 성장세입니다. 그리고 이건 우리나라뿐만 아니라 전 세계적인 추세이지요.

그러나 전기차에도 단점은 있습니다. 가장 많이 언급되는 불

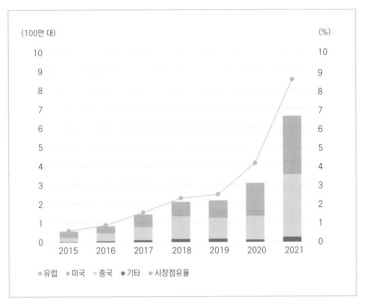

세계 전기차 판매량과 시장점유율 추이. 각국에서 내놓고 있는 내연기관 자동차 퇴출 정책에 따라 전기차의 판매는 더욱 빠르게 증가할 것으로 예상된다.

편함은 역시 충전 속도와 충전 인프라입니다. 일반 자동차에 기름을 넣는 건 몇 분이면 되지만, 전기차를 충전하려면 짧게는 30분, 길게는 5시간 이상이 걸립니다. 충전소 역시 과거에 비해 많이 늘어났다고 해도 주유소 숫자에 비하면 여전히 부족한 것이 현실입니다. 또한 배터리의 특성상 온도가 낮아지면 충전이 잘 되지 않거나, 빨리 방전되는 일이 생길 수 있습니다.

배터리 자체도 큰 문제입니다. 지금의 전기차는 주로 리튬이온 배터리를 사용하는데, 리튬이온 배터리는 시간이 지나면 충전율이 현격히 떨어지기 때문에 교체해야 합니다. 그런데 리튬이온 배터리 속에는 치명적인 물질이 많아서 안전하게 분해하고 처리하는 데 많은 노력과 비용이 소모됩니다. 이를 두고 어떤 사람들은 내연기관 자동차가 오염 물질을 꾸준하게 조금씩 배출한다면, 전기차는 한꺼번에 배출할 뿐 다를 것이 없다고 말하기도 합니다. 무엇보다 전기차를 충전할 때 쓰는 전기가 어디서 오는지도 생각해 봐야 합니다. 화석연료를 이용해 생산한 전기로 충전을 한다면, 과연 전기차를 친환경 운송 수단이라고 할 수 있을까요?

휘발유와 경유에서 천연가스, 바이오 연료, 전기, 수소까지 지금까지 인류는 안전하고, 깨끗하고, 효과적인 운송 연료를 찾기 위해 노력해 왔습니다. 어떤 에너지든 장점과 단점이 있지요. 그러니 우리는 각 에너지의 장점과 단점을 잘 파악해서 효과적으로 사용하는 지혜를 발휘해야 합니다. 또한 새로운 에너지 개발을 소홀히 해서도 안 되겠지요. 우리가 원하는 친환경적이고, 경제적이고, 안정적인 에너지를 얻기 위해서는 아직도 과학이 해야 할 일이 아주 많습니다.

과학자의 책임은 어디까지?

8시 43분 민준이와 현우의 주먹다짐을 말리다

"야, 그게 왜 내 책임이냐?"

갑작스러운 고함에 훈이는 고개를 들었다. 교실 저편에서 민준이와 현우가 금방이라도 주먹을 날릴 듯 서로를 사납게 노려보고 있었다.

"너 때문이잖아. 너 때문에 다친 거잖아!"

"그게 왜 내 잘못이야? 나는 분명히 경고했는데!"

사연을 듣자 하니 이러했다. 민준이네 가족이 여행을 가면서 반려견을 현우네 집에 며칠 맡겼던 모양이었다. 그런데 이 개가 하필이면 여섯 살밖에 안 된 현우의 여동생을 물어 버리는 사고를 친 것이다. 다행히 상처는 그리 심하지 않았지만 현우네 부모님은 노발대발했고, 그 화는 모조리 현우에게 쏟아졌다.

"하여튼 네 개가 친 사고니까 네가 책임져!"

"내가 왜? 분명히 말했잖아. 우리 개는 예민해서 장난을 심하게 걸면 안 된다고. 내가 미리 주의까지 줬는데, 나보고 뭘 더 어쩌라는 거야?"

"이게 정말! 말했으면 다야? 다냐고? 그렇게 성질 고약한 개였으면 처음부터 다른 사람에게 맡기지를 말았어야지!"

민준이와 현우의 말다툼은 결국 주먹다짐으로 번졌다. 훈이는 친구들과 함께 간신히 둘을 떼어 놓았다.

여전히 씩씩대는 두 아이를 보며 훈이는 고개를 갸웃했다.

'민준이랑 현우가 서로 자기편을 들어 달라고 하면 난 어떡할까? 둘 다 친한데. 아니, 그보다 도대체 누구 말이 맞는 거야?'

현대사회를 살아가는 과학자의 자세

어려운 문제군요. 이런 경우, 누구 편을 들어야 할까요? 아니, 누구 책임이 더 큰 것일까요? 경고는 했지만 남에게 해를 끼칠 수도 있는 개를 맡긴 민준이일까요, 경고를 들었음에도 조심하지 않은 현우일까요? 어찌 보면 둘 다 잘못한 것 같기도 하지만 또 다른 관점에서 보면 이건 그저 불행한 사고였을 뿐, 딱히 잘못한 사람이 없다는 생각도 듭니다.

그런데 좀 이상하지 않나요? 정말로 책임이 있는 존재는 따로 있잖아요. 바로 민준이네 개 말입니다. 실제로 현우의 동생을 문 것은 이 개니까요. 하지만 대개 개의 책임은 묻지 않지요. 동물은 이성적인 판단을 할 수 없으므로 책임을 질 수 없다고 여기기 때문입니다.

과학 분야에서도 이와 비슷한 상황이 존재합니다. 바로 과학적 결과물이 사회에 악영향을 미치는 경우, 도대체 누가 책임을 져야 하느냐 하는 문제이지요. 이는 개를 둘러싼 민준이와 현우의 책임 공방보다 훨씬 더 복잡한 문제입니다. 한 가지 사례를 통해 이 문제를 살펴봅시다.

원자폭탄, 과학자의 책임을 묻다

1945년 8월 6일 오전 8시 15분, 일본 히로시마 상공에 한 발의 폭탄이 떨어졌습니다. 리틀 보이Little Boy라는 앙증맞은 별명의 이 폭탄이 지닌 위력은 이름과는 정반대로 어마어마했습니다. 당시 히로시마에 살던 34만 명의 사람 중 14만 명이 한꺼번에 목숨을 잃었으니까요. 어떻게 이런 일이 가능했던 걸까요?

1939년 세계적인 물리학자 아인슈타인은 당시 미국 대통령이던 루스벨트에게 한 통의 편지를 보냅니다. 독일 과학자들이 원자폭탄을 개발하고 있으니 대책을 마련해야 한다는 내용의 편지였지요. 실제로 독일이 우수한 과학자들을 강제 동원해 원자폭탄 개발에 앞장서고 있다는 소문이 돌고 있었습니다. 위기감을 느낀 미국은 원자폭탄 개발을 위한 대규모 연구팀을 구성했습니다. 그것이 맨해튼 프로젝트의 시작이었습니다.

4,500명 이상의 과학자가 맨해튼 프로젝트에 참여했습니다. 그중에는 책임자였던 로버트 오펜하이머를 비롯해 제임스 프랑크, 한스 베테, 엔리코 페르미, 유진 위그너, 에드윈 맥밀런, 리처드 파인먼, 노먼 램지 등 노벨상 수상자들도 포함되어 있었

죠. 인류 역사상 이렇게 뛰어난 과학자들이 한 연구를 위해 모인 적은 이전에도 이후에도 없었습니다. 그 결과 미국은 세계 최초의 원자폭탄 '리틀 보이'와 '팻 맨Fat Man'을 개발해 냈습니다. 리틀 보이는 우라늄을, 팻 맨은 플루토늄을 이용해 만든 폭탄이었지요.

14만 명의 목숨을 빼앗은 리틀 보이에 이어, 사흘 뒤에는 나가사키에 팻 맨이 떨어져 7만 명이 목숨을 잃었습니다. 끈질기게 버티던 일본은 단 두 발의 원자폭탄 공격에 무조건 항복을 선언했습니다.

원자폭탄의 파괴력에 전 세계는 엄청난 충격에 빠졌습니다. 사람들은 원자폭탄을 만든 과학자들을 비난하기 시작했습니다. 맨해튼 프로젝트의 책임자였던 오펜하이머는 '죽음의 신', '원자폭탄의 아버지'라고 손가락질당했습니다. 비난이 거세지자 오펜하이머는 자신은 개발자일 뿐 사용자가 아니라고 항변했습니다. 물론 나중에는 오펜하이머도 자신이 한 일을 후회하며, 원자폭탄보다 수천 배 더 강한 수소폭탄 개발을 필사적으로 반대했지만요.

역사를 살펴보면 전쟁이 있는 곳에서는 언제나 더 멀리 날아가는 화살, 더 단단한 갑옷, 더 위력이 센 폭탄 등 새로운 무기 개발 경쟁이 치열했습니다. 그리고 훌륭한 무기를 개발한 사람은 비난이 아니라 존경을 받았지요. 이러한 역사적 사실에 비추어 보면 자신은 개발자일 뿐이라는 오펜하이머의 주장은 그럴듯해 보입니다. 예전 같으면 오펜하이머가 제2차세계대전 승리의 일등 공신으로 대접받았을지도 모르겠습니다. 하지만 그가 정말로 책임이 없을까요?

우리 사회는 어떤 문제가 발생하면 누구의 책임인지 따지곤 합니다. 만약 누군가 돌을 던지는 바람에 다치는 사람이 생겼다

면, 돌을 던진 사람에게 치료비를 물리거나 벌금을 내게 하지요. 만약 돌을 던지라고 시킨 사람이 있다면 당연히 같이 책임을 져야 하고요.

그런데 과학적 결과물이 문제를 일으켰을 경우, 책임은 이를 사용한 사람에게 있지, 과학자에게 있지는 않다고 여겨집니다. 누군가 총에 맞아 죽었으면 총을 쏜 사람이 책임을 져야지, 총을 만든 과학자는 책임이 없다는 것이죠. 이런 현상이 나타나는 이유는 우리가 과학이 중립적이라고 믿기 때문입니다. 즉 과학적 결과물은 그 자체로는 선하지도 악하지도 않다고 여기는 것입니다. 과학자는 연구를 통해 결과물을 내었을 뿐 거기에 어떤 의도가 있다고 생각하지는 않는 것이지요.

과학자의 책임을 면제해 주는 이유는 또 있습니다. 과학자가 총을 만든 것은 죄 없는 사람을 죽이려는 의도가 아니라, 힘없는 사람이 스스로를 지킬 수 있도록 하려는 선한 의도 때문이었을 수 있다는 것입니다. 그런데 누군가 악용했다고 해서 만든 사람을 처벌한다면 그것도 억울한 일이겠지요. 하지만 악의가 없었다고 해서 과학자에게 무조건적인 면죄부를 주어도 될까요?

과학자가 사회에 책임을 지는 길

윤리학자 한스 요나스는 이런 주장을 했습니다. "현대는 과학기술을 통해 인간 행위의 본질이 변화된 시대이다. 과학자는 인간 행위의 본질을 바꾼 이들이므로 결과에 대한 책임 의식이 필요하다."라고 말이죠. 쉽게 풀이하자면, 총이라는 무기가 세상에 등장한 그 순간부터 총에 의해 사람들이 희생될 가능성이 함께 열린 것이니, 의도가 어떠했든 간에 과학자도 책임을 져야 한다는 말입니다.

이 문제는 과학자 자신에게도 큰 고민거리입니다. 그래서 어떤 과학자는 스스로 벌인 일에 대해 적극적으로 책임지는 모습을 보여 주기도 합니다. 대표적인 예가 다이너마이트를 발명한 알프레드 노벨입니다.

산을 깎고 터널을 뚫는 공사에는 강력한 폭약이 필요한데 19세기 중반까지 쓰이던 나이트로글리세린은 작은 충격에도 쉽게 폭발해서 다루기가 어려웠습니다. 노벨의 동생인 에밀도 나이트로글리세린 폭발 사고로 목숨을 잃었지요. 동생의 죽음에 충격을 받은 노벨은 액체 형태인 나이트로글리세린을 흙의 일종인 규조토에 흡수시켜 안전하면서도 강력한 고체 폭탄 다이너마이트를 발명했습니다.

이처럼 다이너마이트는 원래 사고를 줄이기 위해 만들어진 것이었습니다. 하지만 인간의 욕심은 다이너마이트를 공사장에서 전쟁터로 가져갔고, 다이너마이트는 사람을 죽이는 무기로 변질

되었습니다.

이후 노벨은 '죽음의 상인'이라는 별명으로 불리게 되었습니다. 자신의 발명으로 수많은 사람이 목숨을 잃게 되자 죄책감을 느낀 노벨은 다이너마이트를 판매해 모은 전 재산을 스웨덴 왕립과학아카데미에 기부했습니다. 이를 계기로 만들어진 것이 노벨상이지요.

노벨의 행동이 멋있기는 하지만 보편적인 방식이 될 수는 없습니다. 과학자에게 이런 식으로 개인적인 책임을 지운다면, 아마도 많은 과학자가 연구를 포기할 것입니다. 또한 현대사회에서는 과학자가 정부나 기업에 소속되어 일하는 경우가 많기 때문에 책임 소재를 가리기가 더욱 어렵습니다.

그래서 과학자에게 요구되는 책임은 일이 벌어진 뒤 수습하거나 보상하는 '사후 책임'이 아니라, 일이 벌어지기 전에 미리 단속하고 고려

알프레드 노벨. 자신의 연구 결과에 책임감을 느껴, 전 재산을 스웨덴 왕립과학아카데미에 기부했다.

하는 '사전 책임'이어야 합니다.

다시 총의 경우를 보도록 하지요. 총은 사냥에도, 살인에도 쓰일 수 있습니다. 따라서 과학자는 윤리적인 주체가 되어 연구 단계부터 자신의 결과물이 악용될 가능성에 대해 생각하고 가능한 조치를 취해야 합니다.

예를 들어 총기 사고가 걱정된다면 총의 사용법을 매우 복잡하게 만드는 것도 하나의 방법일 것입니다. 누구나 쏠 수 있는 총이 아니라, 상당 기간 연습해야 쏠 수 있는 총이라면 설불리 이용하는 사람은 줄어들 겁니다. 여기에 더해서 방아쇠에 잠금장치를 달거나, 탄창에서 첫 한 발은 항상 비어 있도록 하는 방식으로 안전장치를 고안한다면 총알이 실수로 발사되어 피해를 입는 경우도 적어질 것입니다.

또한 원자폭탄처럼 악용되었을 때 피해가 클 것이라 판단되는 연구에는 반대할 수 있는 윤리적 의지도 필요합니다. 자신의 연구가 맹목적인 과학기술 지상주의가 아닌가 성찰하는 과정을 통해 연구의 진짜 목적이 무엇인지 상기해야 합니다. 그것이 이 시대를 살아가는 과학자가 진정으로 사회에 책임을 지는 길입니다.

과학을 배워야 하는 이유

07

9시 20분 수업 시간 중 딴생각에 빠지다

오늘의 첫 번째 수업은 과학. 새 학년이 된 지 얼마 안 되어서 인지, 아침부터 친구들이 싸움을 벌여서인지 교실 안이 어수선 했다. 훈이도 과학 선생님의 말씀이 귀에 잘 들어오지 않았다.

선생님은 수업 분위기를 잡으려고 몇 번 큰 소리를 내더니 결국 아이들을 호명해 지난 시간에 배운 내용을 물었다. 과학 선생님은 딴짓을 하거나 수업에 집중하지 않는 학생들을 쏙쏙 골라서 질문했다.

"거기 세 번째 줄에서 맨 오른쪽. 열평형이 뭔지 설명하고 예를 하나 들어 봐."

훈이였다. 멍하니 있는 것을 티 내지 않으려 했는데.

"뭐 해! 빨리 대답해."

선생님이 재촉했지만 훈이는 순간적으로 머릿속이 텅 빈 듯 아무것도 생각나지 않았다.

"저, 그게…… 그러니까…… 열평형은 평형을 이루는 두 물체가…… 아니, 그게 아니라…… 온도 차이가 나는 두 물체가……"

훈이는 스스로도 무슨 말을 하는지 모르는 채 횡설수설했다. 아니나 다를까, 선생님의 눈초리가 점점 가늘어지더니 위로 치켜 올라갔다. 결국 훈이는 선생님께 한 차례 잔소리를 들어야 했다.

훈이는 생각에 빠져들었다. 어린 시절 훈이는 과학을 꽤 좋아했다. 초등학생 때만 해도 장래 희망이 뭐냐고 물으면 "과학자요!"라고 당당하게 말할 정도였다. 그런데 언제부터 이렇게 과학과 멀어지게 된 걸까?

'왜 예전에는 재미있었던 과학이 어렵고 지루해진 거지? 그보다 이제 난 과학자가 될 생각도 없는데 왜 굳이 과학을 배워야 하는 거야?'

과학 수업의 진정한 교훈

그러게 말입니다. 도대체 우리는 왜 과학을 배우는 것일까요?
이 질문에 답하기 위해서는 먼저 과학이 무엇인지부터 생각해
봐야겠네요.

"과학이란 무엇인가?" 제가 대학에서 학생들을 가르칠 때 첫

강의 시간마다 묻는 질문이기도 합니다. 물론 대부분의 학생은 "잘 모르겠는데요."라고 답합니다. 가뭄에 콩나듯 대답하는 학생들도 "우리 생활을 편하게 만들어 주는 것이요." 혹은 "인간 생활을 발전시켜 주는 것이요."라고 대답하는 것이 고작이지요. 과학을 전공하는 대학생조차 과학이 무엇인지 제대로 모르는 경우가 많습니다.

포괄적인 의미에서 과학은 검증 가능한 방법으로 얻어진 지식의 체계를 뜻합니다. 다시 말해 관찰과 실험을 통해 타당성을 증명할 수 있는 지식이라는 것입니다. 사회과학, 인문과학 등 많은 학문에 과학이라는 이름을 붙이는 것은 그래서입니다. 하지만 지금 여기서 다루려는 것은 좁은 의미의 과학입니다.

과학이란 말이 좁은 의미로 사용될 때는 주로 자연과학을 가리킵니다. 자연에서 일어나는 현상을 관찰하고 이를 합리적으로 설명하거나 특정한 규칙을 찾아내는 것 말입니다.

과학혁명의 시대

우리말로 과학으로 번역되는 영어 단어 'science'는 '지식, 앎'이라는 뜻의 라틴어 'scientia'에서 온 말입니다. 오래전 과학은 세상에 존재하는 모든 지식을 의미했습니다. 고대 그리스에서는 자연현상을 연구하는 학자를 과학자가 아니라 자연철학자로 불렀지요.

과학이라는 단어가 지금처럼 주로 자연과학을 가리키게 된 것은 17세기 이후의 일입니다. 17세기는 과학의 역사에서 매우 중요한 시기입니다. 이 시기에 기계적 자연관이 확립되었거든요. 기계적 자연관이란 미리 정해진 프로그램에 따라 움직이는 기계처럼 자연도 그 안의 법칙에 따라 움직인다고 보는 관점입니다.

자연을 기계로 보는 관점이 뭐가 그렇게 중요할까요? 바로 이 관점이 인간과 자연의 관계를 완전히 바꿔 놓았기 때문입니다. 자연은 인간에 비할 바 없이 크고 복잡합니다. 그래서 오랫동안 인간은 자연을 신이나 영험한 존재로 믿었고, 홍수나 가뭄 같은 자연재해가 발생하면 자연이 화를 낸 결과라고 여겼습니다.

사극을 보면 가뭄이 들었을 때 비가 오게 해 달라고 기우제를 지내거나, 장마가 계속되어 홍수가 났을 때 날이 개게 해 달라고 기청제를 지내는 장면이 종종 나옵니다. 성대한 제물을 바치며 자연이 화를 풀고 벌을 거두어 가길 빈 것이지요. 이렇게 자연을 신적인 존재로 여길 때 인간은 감히 자연에 대응할 마음을 먹지 못합니다. 그저 자연에 순응해서 살아갈 뿐이지요.

그런데 자연을 기계로 바라보게 되면 상황이 달라집니다. 자연은 여전히 크고 복잡하지만, 인간이 법칙을 하나하나 발견할 때마다 설명이 가능한 존재, 무궁무진한 자원을 품고 있는 보물 상자, 얼마든지 이용할 수 있는 대상이 되어 갑니다.

이런 변화를 가능하게 해 준 것이 17세기를 전후해서 일어났던 여러 자연법칙의 발견입니다. 만유인력의 법칙이 대표적인 예이지요. 이렇게 과학이 발전하면서 이전과는 다른 혁명적인 변화가 일어났다고 해서, 17세기를 '과학혁명의 시대'라고 합니다.

다시, 과학을 왜 공부해야 하는지에 대한 문제로 돌아가 봅시다. 과학은 자연의 법칙을 연구하는 학문이며, 과학의 성과 덕분에 인류의 역사가 크게 변화했으므로, 과학 지식을 아는 것은 꽤 중요한 일입니다. 그런데 이런 의문이 듭니다. 인간의 삶에 큰 영향을 미쳤으니 알아야 한다? 물론 맞는 말이지만, 그렇다고 자연의 법칙에 대해 세상 사람 모두가 알 필요가 있을까요? 과학자가 되려는 사람만 과학을 공부하면 되는 것 아닐까요?

과학적으로 사고하는 법을 배우다

우리가 과학을 배워야 하는 또 다른 이유에 대해 이야기하기 전에 과학과 다른 학문의 차이점을 알아봅시다.

과학의 가장 큰 특징 중 하나는 보편성입니다. 보편성이란 때와 장소를 막론하고 언제나 통용되는 성질을 의미합니다. 과학

이론이 정립되는 과정은 수많은 관찰을 통해 자연현상의 규칙을 발견하는 것으로부터 시작됩니다. 공부하다가 연필을 떨어뜨리면 바닥으로 떨어집니다. 연필뿐 아니라 지우개, 공책, 필통 등 책상에 올려 두었던 모든 물체는 책상 위에서 밀려나는 순간, 바닥으로 떨어지지요. 단 한 번도 하늘로 솟거나 옆으로 날아가는 경우는 없습니다. 여기서 우리는 하나의 규칙을 발견할 수 있습니다. '물체에 가해지는 힘이 없으면 물체는 아래로 떨어진다.' 이렇게 발견된 규칙에는 가설이라는 이름이 붙습니다. 아직은 확실한 이론이 아니라는 뜻입니다.

이 가설이 이론으로 인정받으려면 다양한 상황과 조건에서 실험을 했을 때 같은 결과가 나와야 합니다. 하지만 단지 실험을 통해 증명된 것만 가지고는 이론이 되기 어렵습니다. 세상에 존재하는 모든 경우를 다 실험하기란 불가능하기 때문입니다. 따라서 실험 내용을 바탕으로 체계적이고 논리적인 설명, 즉 일종의 '법칙'을 찾아내야 합니다.

영국의 과학자 아이작 뉴턴은 1665년 물체가 바닥으로 떨어지는 현상에 대한 설명을 제시했습니다. 질량을 가지는 모든 물체 사이에는 서로 끌어당기는 힘이 존재하는데, 이 힘의 크기는 두 물체의 질량의 곱에 비례하고 두 물체 사이의 거리의 제곱에 반비례한다는 '만유인력의 법칙'이 바로 그것이지요.

뉴턴이 사과나무 아래 앉아 있다가 떨어지는 사과를 보고 만유인력의 법칙을 생각해 냈다는 것은 유명한 일화입니다. 실제로 뉴턴이 그랬는지에 대해서는 의견이 분분하지만, 어쨌든 이 일화를 예로 들어 과학 이론의 성립 과정을 설명해 봅시다.

1665년 영국 켄싱턴의 작은 마을. 케임브리지 대학 학생이었던 아이작 뉴턴은 도시의 전염병을 피해 잠시 고향 마을로 내려와 있었습니다. 무료할 것만 같은 이곳에서 뉴턴은 그의 일생을 뒤바꿀 발견을 하게 됩니다.

어느 날, 사과나무 아래에서 차를 마시던 뉴턴 앞에 사과 한 알이 떨어졌습니다. 그 사과를 보고 뉴턴은 문득 이런 생각이 들었습니다. '왜 사과는 항상 아래로만 떨어질까? 그리고 저 작은 사과도 떨어지는데, 하늘의 달은 왜 안 떨어지는 것일까?' 사과가 떨어지는 자연현상이 그저 눈에 보이는 현상에서 '관찰'의 대상이 된 것이지요.

당시 뉴턴은 달이 지구 주변을 도는 원리에 깊은 관심을 가지고 있었습니다. 돌멩이에 끈을 달아서 빙빙 돌리면 돌멩이는 끈이 허용하는 범위 안에서만 돌아갑니다. 그러다가 끈이 끊어지면 멀리 날아가 버리지요. 뉴턴이 보기에 달은 마치 보이지 않는 끈에 매달려 있는 것처럼 지구 주변을 끊임없이 맴돌고 있었습니다.

뉴턴은 사과가 땅으로 떨어지는 것이나 달이 지구에서 벗어나지 못하는 것이 모두 지구와의 사이에 어떤 '당기는 힘'이 있기 때문이라고 추측했습니다. 물체와 물체 사이에는 서로 끌어당기는 힘이 있다는 가설을 세운 것이지요. 가설이란 관찰한 사실을 바탕으로 만들어진 가장 합리적이고 논리적인 추론입니다.

가설이 만들어지고 나면, 가설을 증명하기 위한 실험이나 추가 관찰이 필요합니다. 까다로운 검증 과정을 통과하지 못한 가설은 수정되거나 폐기됩니다. 검증 과정을 통과하더라도, 논리적 결함이 전혀 없도록 다듬어져야 비로소 하나의 과학 이론으

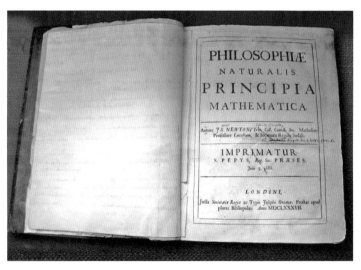

뉴턴이 만유인력을 발표한 책 『프린키피아』. 원제는 '자연철학의 수학적 원리 Philosophiae Naturalis Principia Mathematica'이다.

로 인정받을 수 있습니다.

실제로 뉴턴은 약 20년 동안이나 이 가설을 다듬고 수정하고 보완했습니다. 그리고 마침내 1687년 『프린키피아』라는 책을 통해 만유인력의 법칙을 제시했습니다. 이론이 만들어지면 자연현상에 대한 예측이 가능해집니다. 만유인력의 법칙을 알면 굳이 실험을 하지 않아도 두 물체가 한쪽으로 쏠릴지 서로 균형을 잡게 될지를 알 수 있습니다.

이처럼 과학 이론의 정립 과정은 매우 논리적이고 합리적으로 이루어집니다. 따라서 이 과정을 이해한다면 논리적이고 합리적으로 사고하는 방법을 배우고 익힐 수 있지요. 우리가 과학을 배우는 가장 큰 이유가 바로 이것입니다. 과학 시간에 배운 화학 공식이나 물리법칙은 언젠가 잊어버릴 수도 있겠지만, 과학적으로 사고하는 방식은 오래오래 남아 우리 삶에 큰 도움을 줄 것입니다.

과학이 사회에 잘못 적용되었을 때

08

10시 27분 홀로코스트를 생각하다

첫 번째 수업부터 꼬였던 훈이. 제발 하루가 무사히 지나기만을 바랄 뿐이었다. 훈이는 두 번째 수업인 사회 시간에는 되도록 눈에 띄지 않기 위해 조용히 교과서만 보고 있었다. 그런데 선생님이 교과서 진도를 나가는 대신 뜬금없는 이야기를 꺼냈다.

"혹시 너희들 홀로코스트라는 말을 들어 본 적 있니?"

아이들은 서로의 얼굴만 바라보았다. 잘 모르는 눈치였다.

"그래 모를 수도 있지, 그럼 히틀러랑 나치는 아니?"

"그건 들어본 적 있어요. 독일 최고의 악당이라고 하던데요?"

"그래, 맞아. 히틀러는 제2차세계대전을 일으킨 장본인이지. 게다가 지독한 인종차별주의자였어. 특히 유대인을 미워해서 닥치는 대로 학살했지. 이걸 홀로코스트라고 하는데 희생된 유대인이 600만 명이 넘어. 무슨 얘기인지 잘 모르겠다는 사람은 「쉰들러 리스트」라는 영화를 봐라. 자, 이제 진도 나가야지. 교과서 펴라."

훈이는 600만 명이 얼마나 많은 수인지 얼른 감이 오지 않았다. 너무 엄청난 숫자라서 오히려 비현실적으로 느껴졌다.

'도대체 히틀러는 왜 그토록 많은 사람을 죽인 걸까? 완전히 미친 사람이었나 보지?'

인간 개량에 나선 우생학

히틀러는 제2차세계대전을 일으킨 전범입니다. 또한 잘못된 가치관에 사로잡혀 수백만 명이 넘는 사람을 죽인 학살자이기도 하지요. 히틀러는 지독한 우생학 신봉자였습니다. 그런데 우생학이 뭐냐고요?

우생학優生學이라는 이름에는 좋은 유전자를 연구하는 학문이라는 뜻이 담겨 있습니다. 서로 다른 개체들 사이에는 우등과 열등이 존재하고, 유전자에도 우수한 성질과 그렇지 않은 성질이 있다고 믿는 것이지요. 이는 멘델의 법칙에 나오는 우성과 열성의 개념과는 조금 다릅니다. 멘델이 말하는 우성과 열성은 부모에게서 물려받은 대립 유전자들이 서로 다른 형질을 가지고 있을 때, 어느 쪽이 먼저 발현되는지를 설명하기 위한 개념입니다.

예를 들어 완두의 색깔을 결정하는 유전자는 노란색과 초록색 두 가지인데, 노란색 유전자가 초록색 유전자에 대해 우성입니다. 그래서 순종의 노란색 완두^{YY}와 순종의 초록색 완두^{yy}를 교배해 만든 잡종 완두^{Yy} 1세대는 모두 노란색으로 나타납니다. 이는 단순히 노란색 유전자가 초록색 유전자보다 앞서 색을 나타낼 수 있음을 나타낼 뿐이지, 노란색이 초록색보다 더 좋다는 걸 뜻하지는 않습니다.

하지만 우생학에서 말하는 우등과 열등에는 가치판단이 들어가 있습니다. 즉, 우등이 열등보다 더 좋고 가치 있다는 것입니다. 젖소를 예로 들어 보지요. 모든 어미 젖소는 우유를 만들지만 젖소마다 만들어 내는 우유의 양에는 차이가 있습니다. 어떤 젖소는 딱 송아지 한 마리를 먹일 만큼만, 또 어떤 젖소는 송아지 두 마리를

네가 공부를 못하는 건 다 아빠를 닮아서…….

무슨 소리! 당신을 닮은 거겠지.

우생학 적용의 나쁜 예, 우리 엄마 아빠.

먹이고도 남을 만큼의 우유를 만듭니다. 젖소 입장에서는 우유를 많이 만들건 덜 만들건 송아지를 키우는 데 부족함이 없다면 큰 문제가 되지 않습니다. 하지만 사람 입장에서는 우유가 많을수록 좋습니다. 그래서 사람들은 젖소를 자신에게 유리한 형질과 그렇지 못한 형질로 나누고, 우유를 더 많이 만들어 내는 젖소를 골라 번식시킵니다. 이런 과정을 되풀이하면 나중에는 우유를 많이 만들어 내는 젖소, 이른바 '우수한' 형질을 지난 젖소만 남게 됩니다.

이런 과정을 육종 또는 품종개량이라고 합니다. 인간은 육종을 통해 생산량이 많고 병충해에 강한 작물, 우유나 알을 더 많이 생산하면서도 온순하고 튼튼한 가축을 만들어 내는 데 성공했습니다. 그런데 누군가 이런 생각을 하게 되었습니다. 식물과 동물에서 더 우수한 품종을 만들어 내는 것이 가능하다면 인간이라고 안 될 건 뭐냐? 그렇게 해서 나온 것이 인간 품종개량 프로젝트인 우생학입니다.

우수한 인간을 골라내라

우생학은 1883년 영국의 프랜시스 골턴이 창시한 것으로 알려져 있습니다. 하지만 우생학의 근본 개념은 먼 옛날부터 널리 퍼져 있었습니다. 고대 그리스의 유명한 철학자 플라톤과 아리스토텔레스조차 "허약과 게으름으로 인한 질병은 치료의 대상이 아니다."라느니 "우수하고 현명한 계급의 결혼은 장려해야 하고 하층 계급의 출산은 제한해야 한다."라는 말을 거침없이 했으니까요. 혈통에 따라 지체 높은 귀족 가문에서는 고귀한 아이가, 가난하고 천박한 집안에서는 그저 그런 아이가 태어난다는 생각이 너무도 당연하게 받아들여졌습니다.

그러다가 시민혁명을 통해 신분제가 무너지고, 모든 사람이 평등하다는 천부인권 사상이 퍼지기 시작했습니다. 하지만 여전히 세상에는 부자와 가난한 자, 지배하는 자와 지배받는 자가 존재했지요. 혈통으로 유지되던 신분제가 폐지되고, 새로운 사회 지배층으로 떠오른 사람들은 자신의 특권을 유지하기 위해 또 다른 지배 논리를 끌어들입니다. 프랜시스 골턴의 우생학은 그중 하나였습니다.

골턴은 진화론을 주장한 찰스 다윈의 사촌 동생입니다. 진화론에 따르면 자연에서 환경에 적응한 종은 살아남고 그러지 못한 종은 도태됩니다. 진화론에 큰 감명을 받은 골턴은 인간도 마찬가지라고 생각하고 우생학을 제창했습니다.

한 발 더 나아가 골턴은 "인간은 스스로의 진화에 책임이 있다."고 주장했습니다. 동식물은 이성적으로 생각할 수 없기 때문에 어떤 특성이 더 유리하고 어떤 특성이 더 불리한지 알지 못합니다. 하지만 이성적으로 생각하는 능력을 가진 인간은 유리한 형질과 불리한 형질을 구분해서 유리한 형질은 증폭시키고 불리한 형질은 없애 스스로의 진화를 좋은 방향으로 유도할 수 있다는 것이었지요.

당시는 골턴뿐 아니라 대부분의 사람이 피부색이나 키 같은 신체적 특징은 물론이고, 지능이나 성격 같은 정신적 능력까지도 고스란히 유전된다고 믿었습니다. 그래서 골턴은 포지티브 positive 우생학과 네거티브 negative 우생학이라는 두 가지 방법을 제시했습니다.

포지티브 우생학이란 우수한 형질을 가진 사람들의 출산율을 증가시켜 인간의 우수성을 확장하는 방법입니다. 건강하고 똑똑하고 교양 있는 신사 숙녀를 짝지어 주면 부모를 닮아 뛰어난 아이들이 태어날 것이고, 이런 일이 되풀이되다 보면 장기적으로 인간 집단은 우수한 신사와 숙녀로만 채워진다는 것이지요.

포지티브 우생학이 좋은 유전자를 늘리는 것이라면 네거티브 우생학은 나쁜 유전자를 제거하는 것입니다. 장애인과 정신병 환자, 지능이 떨어지는 사람, 알코올중독자와 범죄자 등을 없애서 인간이 퇴화하는 것을 막아야 한다는 도발적인 주장이지요.

골턴의 주장은 서구 여러 나라에 퍼져 많은 선진국이 포지티브 우생학과 네거티브 우생학을 모두 정책에 반영했습니다. 상류층끼리의 결혼과 출산을 장려하는 동시에, 우생학적으로 부적격자라고 판명된 사람들의 결혼을 금지하고, 심지어는 강제 불임 시술을 실시하기도 했지요.

그중에서도 히틀러는 가장 열성적인 우생학주의자였습니다. 그는 독일의 지도자가 되자마자 인종 위생법이라는 것을 만들어 우생학적으로 '나쁜' 사람들을 극도로 차별하기 시작했습니다.

우생학이 낳은 끔찍한 비극

히틀러는 백인이 가장 우수한 혈통이며 동양인은 중간, 흑인은 가장 열등한 존재라고 여겼습니다. 그리고 같은 백인 중에서도 독일인이 포함된 아리아인이 가장 우수하며 라틴족은 그에 비해 열등하다는 식으로 인종을 세분화해 등수를 매겼습니다.

히틀러가 특히 싫어한 것은 아리아인이 다른 민족과 결혼하는 것이었습니다. 하얀 물감이 다른 색과 섞이면 흰색을 잃듯이 아리아인의 피가 하층 인종의 피와 섞이면 순수성을 잃는다는 이유였습니다. 아리아인이 왜 다른 민족보다 더 우수한지, 무엇이 더 순수한 것인지 명확한 기준도 없이 히틀러는 무턱대고 그렇게 믿었습니다.

히틀러는 마치 족보 있는 개를 관리하는 것처럼 사람들의 혈통을 관리하려 했습니다. 그래서 뉘른베르크법을 만들었죠. 사람들의 혈통을 조사해 분류한 다음, 혈통이 일치하는 사람들끼

리만 결혼할 수 있게 한 법이었습니다. 서로 다른 인종이나 민족은 결혼할 수 없었으며, 이미 한 결혼도 무효화되었습니다.

히틀러의 망상은 점점 더 심해져서 급기야는 우생학적 부적격자들은 아이를 낳을 가치가 없으며, 아예 살아갈 가치조차 없다고 생각하게 되었습니다. 결국 1933년 인종 위생법이 만들어져 약 40만 명에 달하는 사람들이 강제로 불임 시술을 받았고, 'T-4 프로그램'이라는 안락사 계획도 실시되었습니다.

사실 T-4 프로그램은 장애인 학살 계획이었습니다. 히틀러는 오래전부터 장애인이나 치료 불가능한 질병을 가진 사람들이 아리아인의 '우수함'을 지키는 데 방해가 된다고 생각해 없애고자 했습니다. 하지만 당시에는 이를 실행하지 못했죠. 히틀러의 생각에 동조하지 않는 사람들도 많았으니까요. 대중의 시선을 고려하지 않을 수 없었던 것이지요.

제2차세계대전은 히틀러의 이런 광기를 실현하게 해 주었습니다. 전쟁이란 극한 상황 속에서 사람들은 살아남기 위해 얼마든지 잔인해질 수 있었습니다. 당시 독일에서는 T-4 프로그램으로 7만 명에서 16만 명에 이르는 환자와 장애인이 학살되었습니다. 그중에는 세 살 미만의 기형아 3만 명도 포함되어 있었죠.

히틀러의 광기는 유대인 대학살인 홀로코스트로 이어졌습니다. 그는 유대인이 인류 전체를 더럽히는 존재이므로 지구상에서 말살해야 한다고 주장했습니다. 오늘날 역사학자들은 이를 히틀러의 교묘한 계략이었다고 여깁니다. 제2차세계대전이라는 극한 상황에서 독일 국민이 느끼는 불안과 공포를 유대인에 대한 미움으로 돌렸다는 것이지요. 『안네의 일기』를 쓴 열다섯 살의 유대인 소녀 안네 프랑크를 비롯해 600만 명이라는 엄청난 숫자의 유대인이 아무 죄 없이, 그저 유대인이라는 이유만으로 강제수용소로 끌려가 비참한 죽음을 맞았습니다.

홀로코스트만큼 충격적이지는 않지만, 당시 다른 선진국에서도 비슷한 일이 벌어졌습니다. 많은 사람이 '자유의 나라'라고

수용소로 끌려가고 있는 유대인들. 과학적 근거가 없는 편견을 바탕으로 이루어진 홀로코스트는 인류 역시에서 최악의 범죄로 남아 있다.

생각하는 미국조차 강제 불임법을 만들어 발달 장애인, 상습 범죄자, 알코올중독자 등 5만 명에 달하는 사람에게 불임 수술을 시행했으니까요.

이렇게 20세기 초반 큰 인기를 끌던 우생학은 20세기 중반 이후 꺼내기조차 두려운 단어가 되었습니다. 우생학 자체가 가진 과학적 취약성 때문이기도 하지만 히틀러의 영향도 컸습니다. 인간이 인간을 차별하고 구분하려고 시도할 때 얼마나 무시무시한 일이 벌어지는지를 히틀러가 너무도 생생하게 보여 주었기 때문입니다.

하지만 우생학은 정말로 사라진 것일까요? 그 점에 대해선 자신 있게 대답할 수 없습니다. 네거티브 우생학은 거의 자취를 감추었지만, 포지티브 우생학은 여전히 남아 있거든요. 최근 자주 눈에 띄는 '맞춤 아기'라는 단어 속에도 우생학의 그림자가 진하게 드리워져 있습니다.

과학 이론을 재점검하라

맞춤 아기란 특정한 유전자를 가지도록 인공적으로 조작하여 태어난 아이를 말합니다. 사람들은 맞춤 아기가 공상과학영화에나 등장하는 상상의 산물이라고 여기지만, 현실에서도 이미 시작된 지 오래입니다. 아직 기술적인 문제로 본격적인 유전자

조작까지는 할 수 없지만, 여러 개의 수정란 중 가장 건강하고 '우수한' 수정란을 골라서 임신하는 것은 지금도 가능합니다. 아마 앞으로 생명과학이 더 발전하면 특정 유전자를 조작해서 더 좋은 형질을 가지게 하거나, 나쁜 형질을 제거하는 것도 가능해질 것입니다. 그것도 그리 멀지 않은 시대에 말이지요.

만약 맞춤 아기가 보편화된다면 미래의 우리 자손들은 모두 큰 키와 날씬한 몸과 똑똑한 머리를 가진 채 태어날지도 모릅니다. 선천적 유전 질환 따위도 없겠지요. 상상이 지나치다고요? 내 아이가 남들보다 더 뛰어나기를 바라는 부모의 욕망과 그것을 가능하게 해 주는 과학기술이 만난다면 얼마든지 가능한 일입니다. 우리가 미리 논의하고 법적·제도적 장치를 마련해 놓지 않는다면 말이지요.

과학 이론이 사회에 잘못 적용되어 문제가 된 사례가 적지 않습니다. 특히 과학적 기반이 취약한 이론, 즉 정식 이론이라기보다는 엉터리 주장에 가까운 이론일수록 그로 인한 폐단이 컸습니다.

우생학 역시 이론이라고 할 수조차 없을 정도로 내용이 엉망이었습니다. 골턴은 생물학을 바탕으로 하기보다 자신이 그럴듯하다고 믿는 상상을 바탕으로 우생학을 만들었거든요. 시간이 흐른 뒤, 골턴의 우생학은 모두 틀린 것으로 밝혀졌습니다. 하지만 이미 수많은 사람이 고통을 받거나 목숨을 잃은 뒤였지요.

검증되지 않은 과학 이론은 돌이킬 수 없는 문제를 만들 수 있습니다. 어떤 과학 이론을 사회에 적용할 때 그 이론이 정말 합리적이고 논리적인 과정을 거쳐서 도출되었는지, 충분한 실험과 연구를 통해 증명되었는지 항상 꼼꼼하고 엄격하게 따져 봐야 하는 이유가 바로 여기에 있습니다.

몽롱한 오후

12시 36분 ~ 19시 29분

기아에 대처하는 우리의 자세

09

12시 36분 점심 급식에서 채소를 골라내다

딩동댕동 딩동댕!

드디어 오전 수업이 끝나는 것을 알리는 종이 울렸다. 아이들은 선생님이 미처 교실을 나가기도 전에 우당탕 복도로 뛰쳐나갔다.

점심시간의 급식실은 만원 전철 저리 가라 할 정도로 북적댔다. 이건 뭐, 밥을 먹는 건지 밥 타기 전투를 벌이는 건지 모를 지경이었다.

"우아, 배고파 죽는 줄 알았네."

"새치기하는 인간, 누구야?"

"이거 좀 더 담아 주세요."

오늘의 메뉴는 완두콩밥에 계란국, 제육볶음과 시금치나물, 그리고 김치와 귤이었다.

"웩, 난 콩 싫은데. 제육볶음은 또 왜 이래. 당근만 잔뜩이네."

자리에 앉은 훈이는 밥에서 콩을 일일이 골라냈다. 계란국에 든 파와 제육볶음에 든 당근도 훈이의 손길을 피해 가지 못했다. 시금치에는 아예 손도 대지 않았다.

"오늘 급식 왜 이럼?"

옆자리의 민준이가 투덜거렸다.

"야, 대충 먹어. 이따 끝나고 편의점 가자."

오늘따라 아이들의 식판에는 남긴 음식이 가득했다.

그걸 본 과학 선생님이 한숨을 쉬며 혼잣말을 했다.

"쯧쯧, 요즘 애들은 음식 귀한 줄을 모른다니까."

훈이는 억울한 마음이 들었다. 입맛에 안 맞는 음식을 먹지 않는 게 뭐 그리 큰 죄인지 이해가 가지 않았다.

"칫, 먹기 싫은 걸 어떻게 억지로 먹어? 애초에 애들이 좋아하는 음식만 주면 안 되나?"

넘치는 식량, 굶주리는 사람들

훈이는 오늘 점심 급식이 영 마음에 안 드나 봅니다. 요즘에는 먹을거리가 풍족하다 보니 음식이 특별히 소중하게 느껴지지 않지요. 훈이 역시 식판에 놓인 음식을 그저 '맛있는 것'과 '맛있지 않은 것'으로 구분할 뿐입니다. 음식 귀한 줄 모른다는 어른들의 말은 그저 잔소리로만 여기고요.

하지만 음식은 충분히 대접받을 만한 가치가 있습니다. 가난한 나라를 다룬 다큐멘터리나 뉴스에는 깡마르고 굶주린 아이들이 자주 등장합니다. 한쪽에서 엄청난 양의 음식이 버려지는 동안, 다른 한쪽에서는 수많은 아이들이 먹지 못해 죽어 갑니다. 도대체 왜 이런 아이러니한 일이 벌어질까요?

약 200년 전 영국의 경제학자 맬서스는 『인구론』에서 "식량은 산술급수적으로 증가하는데, 인구는 기하급수적으로 증가한다." 며 장차 전 세계적으로 식량이 부족한 상황이 올 것이라고 예언했습니다. 식량 생산량이 증가해도, 인구는 그보다 더 빠르게 증가해 결국 일부는 굶게 된다는 뜻입니다.

하지만 21세기가 시작된 지도 꽤 지난 지금, 맬서스의 주장은 절반만 맞았다는 것이 드러나고 있습니다. 일단 인구가 급속도로 증가한 것은 사실입니다. 1800년대에 10억이던 세계 인구가 20억으로 증가하는 데는 130년이 걸렸습니다. 그 후로 인구 증가 속도는 점점 더 빨라져 1960년 30억, 1987년 40억, 1999년 50억, 2005년 60억, 2011년 70억, 2022년에는 80억에 이르렀습니다. 하지만 맬서스가 예언한 것만큼 심각한 식량 부족 사태는 일어나지 않았습니다.

이는 인구가 증가한 만큼 식량 생산기술도 발전했기 때문입니다. 관개시설의 확충으로 농업에 필요한 물을 안정적으로 확보할 수 있게 되었고, 산지 개간과 간척 사업으로 농지 규모도 늘렸습니다. 농업 생산량을 높이는 화학비료, 농작물에 해를 끼치는 해충과 잡초를 퇴치하는 농약, 살충제도 개발되었고요. 최근에는 유전자 연구를 통해 수확량이 더 많고 병충해에 강한 종자도 나왔습니다.

현재 세계 식량 생산량은 지구상의 모든 사람을 먹여 살리는 데 부족함이 없을 정도입니다. 그런데 어째서 한쪽에서는 사람들이 굶주리는 것일까요?

굶주림이 사라지지 않는 진짜 이유

식량이 넉넉한 상황에서 어느 한쪽만 굶주린다면 이유는 분명합니다. 다른 한쪽이 필요 이상으로 많은 식량을 독점하고 있기 때문이지요. 2023년 발표된 '세계 부 보고서'에 따르면 2021~2022년 창출된 부의 63퍼센트를 상위 1퍼센트의 사람들이 가져간다고 합니다. 다시 말해 어떤 곳에서는 한 사람이 빵을 63개나 가지고 있는데 반해 다른 곳에서는 99명의 사람이 37개의 빵을 나눠 먹어야 한다는 것입니다. 이제 식량문제는 생산의 문제가 아니라 분배의 문제로 여겨지곤 합니다.

종종 기아로 고통받는 사람들을 돕기 위한 모금 운동이나 식량 지원 운동이 벌어집니다. 선진국은 개발도상국에 식량이나 돈을 지원합니다. 하지만 이런 방식은 미봉책에 불과합니다. 어쩌다 한두 번은 누군가의 원조로 먹고살 수 있을지 몰라도 평생 그럴 수는 없으니까요. 이는 죽어 가는 환자에게 전기 충격을 줘서 일단 살려 낸 것뿐입니다. 이들이 남은 삶을 건강하게 살아갈 수 있게 하려면 더 근원적인 대책이 필요합니다.

가장 좋은 방법은 그들에게 자립할 힘을 길러 주는 것입니다. 어린아이에게 고기를 잡아 주면 한 끼의 식사를 제공하는 셈이지만, 고기 잡는 법을 가르쳐 주면 평생의 식사를 제공하는 셈이 되지요. 당장의 식량 지원도 중요하지만 장기적으로 자립할 수 있도록 도와야 합니다.

그럼 구체적으로 어느 나라 사람들이 그토록 굶주리고 있는지 살펴볼까요? 세계지도를 펼쳐 보면 주로 남부 아시아와 아프리카, 남아메리카에 기아로 고통받는 나라들이 많다는 걸 알 수 있습니다. 그런데 그중에는 유럽이나 동북아시아에 비해 기후가 온난해서 작물이 더 잘 자라는 나라도 많습니다. 예를 들어 동남아시아에서는 1년에 벼농사를 두세 번이나 지을 수 있습니다.

작물 재배가 용이한 나라에서 굶는 사람이 나오는 이유 중 하

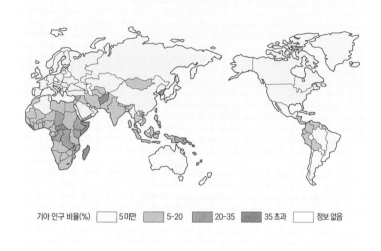

기아 인구 비율(%) ▢ 5미만 ▨ 5-20 ▨ 20-35 ▨ 35초과 ▢ 정보 없음

세계 기아 지도. 기후가 온난해 농사를 짓기 쉬운 지역에서조차 기아로 고통받는 사람들이 많다.

나는 그 땅에서 나온 작물을 스스로 소비하지 못하기 때문입니다. 이들 지역에서는 소수의 지주가 대부분의 땅을 소유하고, 대다수의 농민은 땅을 빌려 농사를 짓거나 품팔이를 하고 있습니다. 작물을 팔아서 실질적으로 이득을 보는 사람이 농부가 아니라 지주이다 보니, 식량 작물보다 환금작물을 많이 재배합니다. 환금작물은 상품작물이라고도 하는데, 말 그대로 돈으로 바꾸기 쉬운 작물을 말합니다. 쌀, 보리, 옥수수, 밀 등을 식량 작물로 사탕수수, 담배, 커피 등을 환금작물로 분류하지요.

　환금작물과 식량 작물은 판매 가격이 많이 다릅니다. 같은 무게의 쌀과 커피 값을 비교해 볼까요? 마트에 가 보면 쌀은 10킬로그램짜리 한 포대의 값이 3~4만 원 정도이지만, 커피는 고급 원두커피가 아닌 일반 인스턴트커피도 500그램짜리 한 봉지 값이 1~2만 원 정도 합니다. 커피가 같은 무게의 쌀보다 수십 배나 비싸게 팔리니 지주는 환금작물을 선호할 수밖에 없습니다.

하지만 소작농의 입장에서는 환금작물이 별다른 이익이 되지 않습니다. 식량 작물을 재배하는 경우에는 어렵지 않게 식량을 구할 수 있고 품삯을 돈 대신 식량으로 받을 수도 있습니다. 하지만 환금작물을 재배하면 상대적으로 재배할 수 있는 식량 작물의 양이 적어져서 값이 올라가기 때문에 가난한 사람들에게 부담이 됩니다. 또한 팔지 못하고 남은 환금작물은 식량으로서의 가치는 떨어집니다. 커피로 배가 부르진 않으니까요.

그런데 이러한 식량문제를 성공적으로 해결한 사례가 있습니다. 바로 90년대 쿠바의 농업정책입니다.

쿠바가 보여 준 해결책

중앙아메리카에 있는 쿠바는 날씨가 따뜻하고 토지가 비옥한 전통적인 농업 국가였습니다. 1980년대까지 쿠바는 사탕수수로 만든 설탕을 수출하고, 곡물과 생필품을 수입하며 풍요롭게 살았습니다. 같은 사회주의 국가인 소련과 협정을 맺어 석유와 비료를 싼값에 수입할 수 있었기에 가능한 일이었지요.

　그런데 이런 행복한 상황은 1990년대 들어서면서 급변했습니다. 공산주의가 무너지고 소련이 러시아를 비롯한 여러 개의 나라로 쪼개지면서 쿠바를 이전처럼 뒷받침해 줄 수 없게 된 것입니다. 게다가 쿠바를 눈엣가시처럼 여기던 미국은 쿠바에 대한 경제봉쇄 정책을 실시했습니다. 농업 국가이긴 하지만 식량의 대부분을 수입에 의존하던 쿠바는 당장 먹을거리를 구할 수 없는 사태에 놓이게 되었습니다. 사탕수수는 달콤하긴 하지만 주식이 될 수는 없었습니다. 밥 대신 설탕을 먹고 살 수는 없으니까요. 결국 작물이 가득한 비옥한 농지를 배경으로 사람들이 굶

쿠바의 도시 한편에 자리한 밭. 쿠바의 도시 농업정책은 식량 위기를 성공적으로 극복한 사례로 꼽힌다.

어 죽는 황당한 일이 벌어졌습니다.

쿠바는 위기를 벗어나고자 1990년대 중반부터 대대적인 농업 개혁에 들어갔습니다. 수입한 석유로 농기계를 돌리고, 수입한 비료와 농약을 써서 환금작물을 재배하던 기존의 농업 방식에서 벗어나, 식량 작물을 심고 기계와 농약을 사용하지 않는 전통적 유기농법을 시도한 것입니다.

얼핏 보면 과거로 돌아간 것처럼 보이지만, 쿠바는 여기에 과학기술의 힘을 보탰습니다. 다행히도 쿠바의 과학기술은 낙후된 편이 아니었습니다. 쿠바의 과학자들은 총력을 기울여 화학비료 대신 미생물과 퇴비를 이용한 비료를 만들었습니다. 지푸라기나 나뭇잎을 이용한 전통적인 퇴비 제조 방식에 과학기술의 힘을 더해 질 좋은 퇴비를 만들 수 있는 미생물을 찾아낸 것이지요. 또한 농약 대신 자연적 살충 방법도 연구했습니다. 생태계 구조를 파악해 천적으로 해충을 구제하는 방법을 개발한 것입니다.

정부도 농업 개혁에 앞장섰습니다. 대규모 국영 농장을 쪼개어 농민에게 분배하고, 곳곳에 남아 있던 작은 공터도 모두 텃밭으로 바꾸어 사람들에게 식량 작물을 재배하도록 권했습니다. 농민들도 수출을 위해서가 아니라 스스로 먹고살기 위해 열심히 농사를 지었습니다.

모두가 힘을 합쳐 노력한 결과, 1990년대가 채 끝나기 전에 쿠바는 식량을 100퍼센트 자급하는 나라가 되었습니다. 농기계나 농약 없이도, 적절한 농업 방식을 선택하고 부지런히 노력하면 충분히 식량 자급이 가능하다는 것을 증명한 것입니다.

　과학의 시대에 사는 우리는 과학을 맹신하기 쉽습니다. 과학이 발전하면 모든 문제를 해결할 수 있다고 생각하는 것이지요. 환경오염 문제는 오염 물질을 제거하는 방법을 개발하면 되고, 자원 고갈 문제는 현재의 자원을 대체할 수 있는 재생에너지를 개발하면 된다는 식입니다. 물론 그것은 훌륭한 해결책입니다. 하지만 때로는 시각을 달리 해서 문제를 해결하거나, 과학적인 해결 방법이 나올 때까지 시간을 벌 필요도 있습니다. 쿠바의 농업 개혁은 과학적 해결책 외에 다른 노력도 중요하다는 것을 알려 주는 훌륭한 사례입니다.

너무 빨리 자라는 아이들

13시 10분 운동장에서 뛰어놀다

훈이는 점심을 먹은 뒤, 운동장에 나가서 친구들과 공을 찼다. 아무리 강한 추위도 훈이의 축구 사랑을 말릴 수는 없었다.

한바탕 뛰고 난 훈이가 운동장 한쪽에서 쉬고 있을 때였다. 등 뒤에서 굵직한 목소리가 들려왔다.

"2학년 1반 김훈! 과제는 엉망으로 내놓고, 축구할 정신은 있는 거냐? 당장 교무실로 따라와!"

훈이는 깜짝 놀라 배 속의 음식이 다시 올라올 것만 같았다.

'내가 뭘 잘못한 거지? 과제를 잘못 냈다고?'

훈이는 불안한 표정으로 뒤를 돌아보았다. 하지만 거기엔 선생님이 아니라 같은 반 친구 우진이가 서 있었다.

"크하하, 놀랐냐? 자식, 완전 겁먹은 얼굴인데?"

짓궂은 우진이가 또 장난을 친 것이었다. 훈이는 우진이에게 달려들었다.

"이게! 너 이리 와. 잡히면 죽었어!"

훈이와 우진이는 쫓고 쫓기며 운동장을 돌았다. 훈이는 헉헉거리며 달리면서도 한편으로는 안도했다. 좀 전에는 진짜로 선생님인 줄만 알았다.

그런데 남자 어른치고도 낮은 편인 수학 선생님의 목소리를 우진이가 어떻게 흉내 냈을까? 아직 변성기가 완전히 지나지 않은 훈이는 노래를 부르다가 가끔 음이 이탈하긴 해도 어른처럼 완전히 낮은 목소리는 아니었다. 그런데 우진이는 달랐다. 초등학교 때 이미 변성기가 지나서 어른 뺨치는 낮은 목소리를 가진 데다 키도 큰 편이었고, 코 아래와 턱에 생기기 시작한 검은 수염 자국도 제법 짙었다. 아마 정장을 입혀 놓으면 누구도 우진이를 중학생으로 여기지 않을 것이다.

'우진이 녀석, 예전에는 나보다 작았는데 뭘 먹고 저렇게 큰 거야?'

이른 사춘기가 문제인 이유

훈이 또래였을 때 저는 하루빨리 어른이 되고 싶었습니다. 사춘기가 어른도 아니고 아이도 아닌 어정쩡한 시기, 어린애처럼 어리광을 부릴 수도 없으면서 어른처럼 이것저것 할 수 있는 자유도 없는 시기라고 생각했거든요. 이러한 열망은 또래 아이들이 하나둘 2차성징을 겪으면서 더욱 심해졌습니다. 옆에 앉은 아이가 변성기에 들어서고 체모가 많아지는 것을 보면서, 가슴

이 볼록해지고 여성스러운 곡선이 생겨나는 것을 보면서, 아직도 아이같이 밋밋한 몸을 부끄럽고 창피하게 여기는 친구들도 많았습니다.

그로부터 20여 년이 흐른 지금, 우리 사회는 오히려 아이들이 너무 빨리 자라는 것을 걱정하고 있습니다. 더 정확히 말하자면 너무 빨리 성인의 몸으로 바뀌는 걸 우려하는 것이지요. 이게 어찌 된 일일까요? 이 문제를 이해하기 위해 먼저 남녀의 구별과 2차성징에 대해 알아보기로 하지요.

성염색체, 아이를 어른으로 만들다

성별은 난자와 정자가 수정되는 순간, 염색체에 의해 결정됩니다. 염색체가 가진 성염색체가 XX이면 여자, XY이면 남자가 되지요. 그래서 갓 태어난 아기도 성은 구별됩니다. 남녀에 따라 다른 생식기를 지니고 있으니까요.

물론 아기들은 생식능력이 없습니다. 이는 뇌의 일부인 시상하부에서 '성선자극호르몬 유리호르몬^{이하 GnRH}'을 생산하는 신경세포가 억제되어 있기 때문입니다.

GnRH이란 생식기의 조절에 아주 중요한 역할을 하는 호르몬입니다. 평온했던 유아기와 아동기가 지나고 사춘기가 되면 마치 수도꼭지가 열린 것처럼 GnRH이 쏟아져 나오면서 몸에 급격한 변화가 일어납니다. GnRH은 뇌하수체 전엽을 자극해 성선자극호르몬인 여포자극호르몬과 황체형성호르몬 등이 합성되고 분비되도록 유도합니다. 성선자극호르몬은 성선性腺을 자극해서 남녀의 특징을 나타내는 남성호르몬과 여성호르몬이 분비되도록 하고요.

이러한 변화가 모두 똑같이 찾아오는 건 아닙니다. 2차성징의 시작은 영양 상태, 빛, 스트레스, 신경 교란 물질, 내분비 교란 물질 같은 환경적 요인과 렙틴, 그렐린, 인슐린 같은 말초성 호르몬 신호에 영향을 받습니다. 일반적으로 2차성징은 영양 상태가 나쁘면 늦어지고, 영양 상태가 좋으면 일찍 옵니다. 영양 상태가 같다면 햇볕을 많이 쬐는 따뜻한 지역의 아이들이 추운 지역의 아이들보다 2차성징이 빨리 나타나고요. 그런데 평소에도 존재하던 이런 요인들이 왜 사춘기에 들어서서야 GnRH을 폭발적으로 유도하는지는 정확히 알려져 있지 않습니다. 어쨌든 2차성징을 거친 후 아이의 몸이 또 다른 아이를 낳을 수 있는 성인의 몸으로 변한다는 것만은 확실합니다.

사춘기는 인간이라면 누구나 겪어야 할 통과의례로, 겪지 않으면 문제가 될 수 있습니다. 예를 들어 성염색체가 X 하나만 있는 터너 증후군이라는 증상이 있습니다. 터너 증후군 아이는 Y염색체가 없기 때문에 여자아이로 태어나는데, 적절한 조치를 취하지 않으면 사춘기에 접어들지 못합니다. 스무 살이 되어도 여전히 열두 살의 몸으로 남을 수 있는 것이지요. 몸은 어른인데 정신이 어린 것도 문제지만, 정신은 어른인데 몸이 어린 것도 큰 문제입니다. 정신과 육체의 발달 속도가 불일치하는 경우, 개인의 정체성에 심각한 혼란을 줄 수 있거든요.

그런데 최근 이와는 반대의 문제가 점점 늘어나고 있습니다. 앞서 말했듯이 사춘기가 점점 빨리 시작되는 것입니다. 백과사전에는 여자아이의 경우 12~13세에, 남자아이의 경우 15~16세에 사춘기가 시작된다고 나와 있습니다. 하지만 현실은 다릅니다. 2023년 기준 우리나라 여자아이는 10~11세에, 남자아이는 11~12세에 사춘기가 시작된다고 합니다. 백과사전의 수치보다 2~4세 정도 빠른 것이지요. 또한 우리나라 여성의 초경 연령이 80년 전보다 2년 이상 빨라졌다는 보고도 있습니다.

최근에는 성조숙증을 겪는 아이들도 부쩍 늘었다고 합니다. 성조숙증이란 말 그대로 사춘기가 일반적인 시기보다 이르게 시작되는 것입니다. 보통 여자아이는 8세 이전, 남자아이는 9세 이전에 성적 성숙이 시작되면 성조숙증이라 판단합니다.

그런데 어차피 일어날 성적 성숙이 조금 일찍 일어나는 것이 왜 이렇게 문제가 되는 걸까요?

몸의 타이밍을 맞춰라

'중요한 건 타이밍 Timing is everything'이라는 말이 있습니다. 모든 일에는 적합한 때가 있다는 뜻이지요. 이 말은 우리 몸의 성장에도 그대로 적용됩니다. 정교하게 계획된 신체 반응이 엉뚱한 시기에 일어난다는 것은 반드시 몸을 교란한 원인이 숨어 있다고 봐야 합니다.

성조숙증도 마찬가지입니다. 사춘기가 보통보다 이른 시기에 시작된다는 것은 몸속의 무언가가 어긋나 있다는 뜻입니다. 성조숙증을 일으키는 원인으로는 내부적인 요인과 외부적인 요인이 있습니다. 내부적인 원인으로는 성호르몬을 분비하는 기관에 이상이 생기는 것을 들 수 있습니다. GnRH이 분비되는 부위가 종양이나 세균 감염, 사고 등으로 손상되는 것이지요. 생식기나 부신에 생긴 종양도 성조숙증의 원인이 될 수 있습니다. 또 선천적인 유전자 이상이 원인인 경우도 있습니다.

내부적인 요인으로 인한 성조숙증도 문제지만, 더 큰 문제는 외부적인 요인, 즉 환경적 요인으로 인한 성조숙증입니다.

최근 건강보험심사평가원에서 발표한 자료에 따르면, 2022년 성조숙증으로 치료를 받은 아이들의 수가 약 177,000명이나 된다고 합니다. 2019년에는 약 108,000명이었으니, 3년 만에 무려 64퍼센트나 급증한 셈입니다. 우리나라뿐만이 아닙니다. 다른 나라에서도 이 시기 성조숙증을 겪는 아이들이 부쩍 늘었다는 보고가 있었습니다.

대체 이 시기에 무슨 일이 있었던 것일까요? 그렇습니다. 바로 코로나19의 대유행이 있었습니다. 물론 코로나19 감염과 성조숙증은 직접적인 관련이 없습니다. 다만 팬데믹으로 인해 외부 활동이 줄어들면서 덜 움직이고, 더 많이 먹고, 스트레스에 더 많이 노출된 것이 문제였습니다. 비만과 스트레스는 성조숙증을 일으키는 대표적인 요인입니다. 호르몬의 불균형을 가져오기 때문이지요. 여기에 내분비계 교란 물질, 이른바 환경호르몬의 노출까지 더해지며 우리 아이들은 그 어느 때보다도 더 빨리 자라고 있습니다.

이제 성조숙증이 왜 문제가 되는지 구체적으로 들어가 봅시다. 성적으로 성숙한다는 것은 그저 몸에 털이 나고 가슴이 커지는 것만을 의미하는 게 아닙니다. 남자든 여자든 아이를 만들 수 있는 몸으로 변한다는 뜻입니다. 그리고 아이를 만든다는 것은 내 몸보다 다른 생명의 성장에 더 신경 써야 한다는 의미를 가집니다. 그래서 우리 몸은 성적 성숙이 시작되는 순간부터 성장판이 서서히 닫혀 성장이 점차 둔화됩니다.

여자아이들은 열두 살을 전후해 초경을 시작하는데, 이때부터 성장판이 닫히기 시작해 열여섯 살이면 성장이 거의 끝납니다.

열두 살부터 열여섯 살까지의 성장 속도도 이전에 비하면 매우 느립니다. 남자아이들도 마찬가지여서 열네 살이 넘어가면 점차 자라는 속도가 느려지기 시작해 열여덟 살이 되면 성장이 거의 멈춥니다.

그런데 성조숙증이 일어나 아홉 살부터 성장판이 닫히기 시작한다고 생각해 보세요. 여자아이들의 경우 아홉 살 평균 키가 134.1센티미터이니 성조숙증이 나타나면 성인이 되어서도 150센티미터가 안 될 수 있습니다. 빨리 어른이 된다고 해서 좋아할 일이 전혀 아닌 셈입니다.

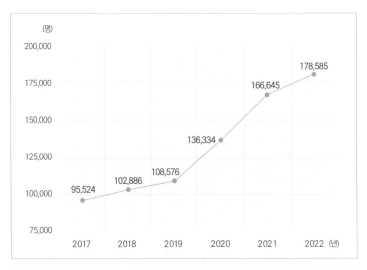

우리나라 성조숙증 환자 증가 추이. 2020년에 시작된 코로나19 대유행 이후 눈에 띄게 환자 수가 증가한 것을 알 수 있다.

유년기는 어른이 되기 위해 잠시 지나가는 정류장이 아닙니다. 인생의 기반을 다지는 중요한 시기입니다. '뿌리 깊은 나무가 바람에 흔들리지 않는다.'는 옛말이 있죠. 유년기를 충실하게 보내야 앞으로의 인생을 더 안정적으로 살아갈 수 있습니다. 아이들이 적절한 시기에 몸이 자라고, 그에 맞춰 마음도 자랄 수 있도록 많은 관심과 주의가 필요한 때입니다. 과학이 만들어 낸 화학물질과 잘못된 생활 습관이 아이들을 너무 빨리 어른으로 바꿔 버리지 않도록 말이지요.

우연성과 인과성의 차이

14시 26분 성격유형을 고민하다

오후 수업 시간에는 정신을 바짝 차려야 했다. 점심을 먹은 다음이라 잠이 쏟아졌기 때문이다. 길고 긴 한 시간이 지나고 드디어 쉬는 시간. 훈이는 잠을 자려고 책상에 엎드렸다. 그런데 바로 옆에서 여자아이들이 무릎 담요를 하나씩 끌어안고 수다를 떨기 시작했다. 어찌나 시끄럽게 떠드는지 굳이 엿들으려 하지 않아도 대화가 귀에 쏙쏙 박혔다.

"그래서, 그래서? 그 오빠가 뭐라고 했는데?"

"뭐라고 하긴. 사귀자고 했지. 나는 생각해 보겠다고 했고."

"얘 내숭 좀 봐. 자기가 먼저 좋아하고서는."

"밀당이 연애의 비법 아니겠어?"

까르르 웃음소리가 터져 나왔다. 남의 연애사에 저도 모르게 솔깃해진 훈이는 자는 척하면서 귀를 쫑긋 세웠다.

"근데 한 가지 걸리는 게 있어."

"뭔데?"

"그 오빠 MBTI가 나랑 안 맞아. 나는 F인데, 오빠는 완전 T거든. 어제 지하철에 사람 많아서 힘들다고 톡 했더니, 10분 일찍 나와서 지하철 타래. 그때는 사람 없다고."

"정말 T답다. 그냥 힘들겠네, 한마디 하면 될 것을 꼭 그렇게 딱딱하게 말해야 하나?"

"그러게 말이야. 어떻게 하면 좋을까?"

그 말을 듣고 있던 훈이의 머릿속에는 이런 생각이 떠올랐다.

'이제 여자 친구 사귀려면 MBTI까지 신경 써야 하는군. 근데 MBTI로 성격유형을 나누는 게 정말 맞긴 한 거야?

혈액형별 성격의 진실

MBTI 성격유형이 요즘 대세이긴 한 모양입니다. 심지어 일부 기업에서는 직원 선발 기준에 MBTI를 넣어 논란이 되기도 했지요. 이런 식으로 사람들을 일정 패턴에 따라 구분하는 방식은 예전에도 있었습니다. 대표적인 것이 바로 혈액형입니다. "그런 사소한 일로 삐치다니, 너 트리플 A형이지?" 이런 말은 요즘에도

쉽게 들을 수 있습니다. 그런데 정말 이런 분류법으로 어떤 사람의 실제 성격이나 행동을 알 수 있을까요? 정말 A형은 소심하고, B형은 제멋대로일까요? 이 이야기를 하려면 먼저 혈액에 대해 알아야 합니다. 왜 혈액이 A형이나 B형 등으로 구분되는지도 말이지요.

피가 약이 된다?

혈액은 액체 성분인 혈장에 적혈구, 백혈구, 혈소판을 비롯한 다양한 세포가 떠 있는 물질입니다. 혈액이 하는 일은 참 많습니다. 몸 전체를 돌면서 구석구석에 산소와 영양분을 전하고, 이산화탄소와 노폐물을 수거하고, 세균이나 바이러스와 싸우고, 호르몬을 운반해 장기의 기능을 조절합니다. 만약 혈액이 흐름을 멈춘다면 우리 몸은 몇 분이 채 지나기도 전에 죽어 가기 시작할 것입니다. 이렇듯 혈액은 우리가 생명을 유지하기 위해 꼭 필요한 물질입니다.

혈액과 생명의 연관성은 오래전부터 알려져 있었습니다. 옛날 사람들도 피를 많이 흘리면 생명이 위험하다는 것 정도는 알고 있었지요. 많은 문화권에서 피를 생명의 원천으로 여기고 귀하게 다뤘습니다. 심지어 피를 마시게 하면 죽어 가는 사람을 살릴 수 있다고 믿기도 했습니다. 우리나라에도 부모님이 큰 병에 걸려 위독할 때, 자식이 손가락 끝을 조금 잘라 부모님에게 피를 먹이는 단지斷指 풍습이 있었습니다. 서양의 흡혈귀 전설도 비슷한 예입니다. 대표적인 흡혈귀인 드라큘라 백작은 영원히 늙지도 죽지도 않지요.

그런데 흥미로운 사실은 피를 마시면 젊고 건강해진다는 속설은 있어도, 피를 혈관에다 직접 넣으면 좋다는 속설은 거의 없었다는 것입니다. 왜일까요? 정말로 피가 생명의 원천이라면 먹어서 소화시키기보다 직접 혈관 속으로 넣는 편이 더 효과적일 텐데요. 아마 당시 기술로는 수혈이 쉽지 않았던 데다, 또 피를 넣는 것이 몸에 이롭지 않다는 것쯤은 경험을 통해 알고 있었기 때문이 아닐까 생각됩니다.

일단 몸 밖으로 나온 피는 굳으면서 딱지를 형성해 상처 부위를 막습니다. 더 이상의 출혈을 막기 위해서이지요. 그런데 이런 혈액의 특성은 수혈할 때 문제가 됩니다. 굳어 버린 피를 수혈할 수는 없으니까요. 그래서 요즘에는 혈액의 응고를 막기 위해 항응고제를 섞고, 기계로 끊임없이 흔들어 줍니다.

피가 굳는 문제를 해결한다 해도 두 사람의 혈액형이 서로 다르면 용혈성 수혈 부작용이 나타날 수 있습니다. 수혈된 핏속에 들어 있는 적혈구가 부풀어 오르다 빵 터져 버리는 것이지요. 그러면 열이 나고, 혈압이 떨어지고, 신장이 망가지고, 심한 경우 죽

란트슈타이너는 혈액형에 관한 연구로 1930년 노벨 생리의학상을 받았다.

을 수도 있습니다. 그래서 수혈은 20세기 전까지는 거의 쓰이지 않는 치료법이었습니다.

그런데 20세기 초, 오스트리아의 카를 란트슈타이너가 여러 사람의 혈액을 채취한 뒤 각각 섞어 보며 이상 반응이 있는지 없는지 살피는 실험을 했습니다. 그리고 사람의 피가 A형, B형, O형, AB형, 이렇게 네 가지 유형으로 나뉜다는 사실을 밝혀냈습니다. 이것이 바로 우리가 흔히 얘기하는 ABO식 혈액형의 시초입니다.

네 가지 혈액형의 사각 관계

ABO식 혈액형에서 사람의 혈액형이 네 가지로 나뉘는 것은 적혈구 표면에 존재하는 당단백질 때문입니다. 이 당단백질은 적혈구에 붙은 일종의 이름표라고 생각하면 됩니다. 이름표는 A와 B 두 가지뿐입니다. 적혈구는 이름표를 두 개까지 가질 수 있기 때문에 네 가지 혈액형이 가능합니다. 즉 A형은 A를 두 개 또는 한 개, B형은 B를 두 개 또는 한 개 갖습니다. A와 B를 하나도 안 가지고 있으면 O형, 하나씩 가지고 있으면 AB형입니다. 적혈구 표면의 이러한 이름표를 응집원이라고 합니다.

A형 혈액은 혈장 속에 B형과 결합하면 이를 굳혀 버리는 응집소β를 갖고 있습니다. 즉, A형 혈액은 응집원A와 응집소β를 갖고 있지요. B형은 응집원B와 응집소a를 가지고, O형은 응집원 없이 응집소a와 응집소β를 가지며, AB형은 A, B 두 개의 응집원을 가지고 응집소는 없습니다.

응집원은 짝인 응집소를 만나지 않으면 응고되지 않습니다. 따라서 응집소가 없는 AB형은 어떤 혈액형이든 수혈을 받을 수 있지만, 응집소 두 개를 모두 갖고 있는 O형은 같은 O형에게만 수혈을 받을 수 있습니다. 하지만 이것 역시 문제가 있음이 밝혀져 최근에는 같은 혈액형끼리만 수혈하는 것을 원칙으로 하고 있습니다. 적혈구에는 400종이 넘는 이름표가 존재하는데, 대부분은 면역 자극이 약해 큰 문제를 일으키지 않습니다. 하지만 그중 20여 개 정도는 수혈에 문제를 일으킬 수 있습니다.

결국 혈액형이란 적혈구에 붙어 있는 당단백질, 즉 일종의 이름표 차이로 인해 나타나는 것이며 수혈을 할 때는 중요하지만, 성격이나 심리에는 별다른 영향을 끼치지 않습니다. 단지 두 개

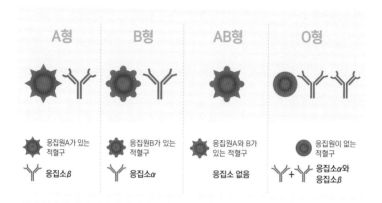

혈액형에 따른 응집원과 응집소. 어떤 응집원과 응집소를 가지고 있느냐에 따라 A, B, AB, O라는 네 가지 혈액형으로 나뉜다.

의 당단백질이 있는지 없는지에 따라서 성격이나 운명이 바뀐다는 것은 얼핏 생각해도 이치에 맞지 않지요.

우리의 성격이나 마음은 혈액형이 아니라 뇌에서 만들어지는 것입니다. 혈액형이 성격과 연관이 있으려면 혈액형에 따라 뇌의 발달이 달라져야 하는데 그러한 연구 결과는 어디에도 없습니다.

과학적 근거가 부족한 건 MBTI 성격유형도 마찬가지입니다. MBTI를 개발한 브릭스와 마이어스는 심리학을 정식으로 공부한 사람들이 아닙니다. 테스트 자체도 전혀 검증이 되어 있지 않지요. 더욱이 서로 다른 개성을 가진 수많은 사람을 몇 개의 그

룹으로 나누어 평가한다는 것은 조금만 생각해 보아도 그다지 논리적이지 않다는 것을 알 수 있습니다. 그런데도 왜 사람들은 혈액형별 성격이나 MBTI를 믿는 것일까요?

인과관계를 파악하라

'까마귀 날자 배 떨어진다'와 '콩 심은 데 콩 난다'는 속담을 들어 본 적 있지요? 까마귀가 날아오르는 것과 배가 떨어지는 것은 우연히 동시에 일어난 사건일 뿐 서로 아무런 관련이 없습니다. 하지만 콩 심은 데 콩이 나는 것은 다릅니다. 콩을 심으면 반드시 콩이 날 것임을 알 수 있고, 콩 대신 팥이 났다면 콩을 심지 않았다고 확신할 수 있습니다. 이처럼 어떤 일이 원인이 되어 분명히 예측할 수 있는 결과를 가져오는 경우, 우리는 이를 인과관계라고 합니다.

그런데 사람들은 우연한 사건과 인과적 사건을 잘 구분하지 못합니다. 예를 들어 징크스란 '어떤 일을 하거나 하지 않으면 행운 혹은 불행이 찾아온다.'고 여기는 심리적 믿음입니다. 하지만 대부분의 징크스에는 인과관계나 합리적 근거가 전혀 없습니다.

까마귀가 울면 누가 죽을 징조라든가, 거울이 깨지면 불길한 일이 일어난다든가 하는 것은 흔한 징크스입니다. 징크스는 개인마다 다양하게 나타나기도 합니다. 제게는 머리를 감지 않아야 시험을 잘 본다고 믿는 친구가 하나 있었습니다. 평소에는 깔끔한 친구인데, 시험 때만 되면 떡 진 머리를 하고서 쉰내를 폴폴 풍기고 다녔지요. 남들이 뭐라건 본인은 아랑곳하지 않았어요.

그런 징크스를 갖게 된 것은 우연한 계기 때문이었을 겁니다. 어쩌다가 머리를 못 감고 학교에 갔는데 그날 유난히 시험을 잘 봤을 수도 있고, 아니면 머리를 감고 간 날 유난히 시험을 못 봤을 수도 있습니다. 이런 일을 한두 번 겪게 되면 사람들은 두 사건을 연관지어 생각하게 됩니다. 우연을 필연으로 만드는 것이지요. 우연한 사건이 잘못된 믿음으로 인해 인과적 사건처럼 받아들여지는 것입니다.

혈액형별 성격 분류도 마찬가지입니다. 인간의 성격은 실로 다양하지만, 크게 두 가지로 분류할 수도 있습니다. '소심하다'와 '대범하다' 또는 '얌전하다'와 '활발하다' 등으로 말이지요. 혈액형별 성격 분류에서 A형은 소심하고 O형은 대범하다고 여깁니다. 그런데 우리나라 사람들의 혈액형을 보면 A형 32퍼센트, O형 28퍼센트, B형 30퍼센트, AB형 10퍼센트입니다. A형과 O형이 전체 인구의 60퍼센트에 달하니 우연히 A형이면서 소심한 사람, 우연히 O형이면서 대범한 사람이 많이 보일 수밖에 없습니다.

게다가 사람들은 대개 자신에게 유리한 정보만 골라 받아들이는 경향이 있습니다. 이런 선택적 지각 현상은 어린아이에게서 뚜렷이 나타납니다. 어린아이에게 "간식 줄 테니까 장난감 치우고 먹으렴."이라고 말하고 간식을 방에 둔 채 나오면, 대부분의 아이들이 장난감 정리는 제쳐 두고 간식 먹기에 바쁩니다. 나중에 물어보면 장난감을 치우라는 말은 거의 기억하지도 못합니다.

어른도 크게 다르지 않습니다. 머리를 안 감은 날 시험을 잘본 것만 기억하고, 머리를 안 감았음에도 시험을 망친 날은 잊어버립니다. 그런 상황에서는 "○○는 머리 감고도 시험만 잘 보더라." 하는 말을 듣는다 해도 그냥 무시하게 됩니다. 자신처럼 머리를 안 감아서 시험을 잘 보았다는 사람만 눈에 보이지요. 이렇게 자신의 생각과 맞는 경우만 골라서 증거로 삼는 심리적 성향을 '확증 편향'이라고 합니다. 객관적인 증거가 아니라 지극히 주관적인 증거를 스스로 만들어 내는 것입니다.

과학이 고도로 발달한 현대사회에도 여전히 혈액형별 성격이나 징크스 같은 근거 없는 믿음이 중요한 지식인 것처럼 받아들여지고 있습니다. 문제는 이것이 개인적인 차원에서 그치지 않는다는 것입니다. 우연성과 인과성을 구분하지 못하는 사람들이 많은 사회에서는 근거 없는 이야기가 진실인 양 퍼지기 쉽습니다. 그런 사회는 건강한 사회라고 볼 수 없습니다. 악의적인 유언비어와 헛소문에 현혹되지 않기 위해서는 사건의 인과성을 추론해 보는 연습이 필요합니다. 합리적 학문인 과학이 그 연습에 큰 도움이 될 것입니다.

뇌를 측정하라!

16시 10분 멘사 테스트에 관해 이야기하다

수업이 끝나자, 준택이가 기용이에게 말을 걸었다.

"야, 너 이게 뭔지 아냐?"

준택이의 손에는 영어로 쓰인 종이가 한 장 들려 있었다.

"내가 그걸 어떻게 암?"

"아이고 무식한 녀석! 이게 바로 그 유명한 멘사 테스트란 거다."

"멘사? 새로 나온 게임이냐?"

"전 세계의 아이큐가 높은 천재들만 들어간다는 클럽이 멘사고,

이게 그 합격증이란 말이야. 내가 얼마 전에 온라인으로 아이큐 테스트를 받았다고."

"설마, 네가? 웃기고 있네. 네가 천재면 나는 초천재다."

둘이 티격태격하는 소리를 듣고 있던 전교 1등 민재가 한심하다는 표정을 지으며 입을 열었다.

"멘사는 온라인 테스트 안 봐!"

그 말을 들은 준택이가 민재를 돌아보았다.

"진짜 멘사 테스트는 오프라인으로만 하고, 일정도 정해져 있어. 생각해 봐. 그걸 온라인으로 하면 커닝을 맘대로 할 수 있는데, 너라면 그 점수를 믿을 수 있겠냐? 게다가 멘사 테스트는 성인만 응시할 수 있어. 우리 같은 중학생은 아예 응시가 안 된다고."

"저, 정말?"

"너 설마 그거 푼다고 돈 낸 건 아니지?"

준택이의 얼굴이 벌겋게 달아올랐다. 그러더니 들고 있던 종이를 구겨서 쓰레기통에 던져 버렸다.

그 모습을 지켜보던 훈이는 몰래 가슴을 쓸어내렸다.

'휴, 지난주에 나도 저거 결제할 뻔했는데 다행이다. 그나저나 내 아이큐가 얼마나 되는지 궁금하긴 한데……. 열아홉 살 될 때까지 기다려야 하나?'

아이큐가 의미하는 것

훈이를 보니 저도 학교 다닐 때 받았던 아이큐^{IQ, Intelligence Quotient} 검사가 떠오르네요. 성적에 들어가는 시험이 아니라는 사실을 알면서도 아이큐 검사 문제를 풀면서 꽤 스트레스를 받았던 것으로 기억합니다. 마치 누가 누가 잘났나를 가르는 기준처럼 느껴졌기 때문이지요.

우리는 '쟤 머리가 진짜 좋아'라든가 '나는 왜 이렇게 머리가 나쁜 거지?'라는 말을 자주 씁니다. 여기서 머리, 즉 지능이란 구체적으로 무엇을 말하는 것일까요?

지능을 한마디로 정의하기는 어렵습니다. 백과사전을 찾아보면 '문제 해결 및 인지적 반응을 나타내는 개체의 총체적 능력'이라는 어려운 말이 등장합니다. 쉬운 말로 바꿔 보면 지능이란 '어떠한 문제에 부닥쳤을 때 그것에 반응하고 해결하는 모든 능력'이라고 할 수 있습니다. 이때의 '문제'는 매우 다양합니다. 수학 문제나 영어 문제처럼 시험문제일 수도 있고, 인간관계 같은 사회적 문제일 수도 있으며, 창조적이고 예술적인 문제일 수도 있습니다. 사실상 살아가면서 겪는 모든 일이 우리가 해결해야 할 일종의 문제입니다. 따라서 지능은 다양한 분야를 모두 아우르는 복합적인 개념입니다.

하지만 우리는 평소에 지능이라는 말을 매우 좁은 의미로 사용합니다. 누군가 음악이나 미술에 뛰어나다고 해서 이를 '지능이 높다'고 말하지는 않습니다. 이런 경우는 대개 '재능이 있다'고 표현하지요. 실생활에서 지능은 성적과 연관된 문제를 잘 푸는 능력을 의미하곤 합니다. 아이큐 검사에서 측정하는 지능도 이런 것이 많습니다. 그런데 이 아이큐 검사는 도대체 어디에서 온 것일까요?

골상학부터 아이큐 검사까지

19세기 초, 생물학과 신경학이 발달하면서 생각과 느낌이 뇌에서 만들어진다는 사실이 알려졌습니다. 그러면서 사람들의 관심은 뇌의 어떤 특징이 지능이나 성격을 결정하는지에 쏠렸습니다.

지금 생각하면 좀 우습지만 당시 가장 먼저 주목받은 것은 머리의 크기였습니다. 그릇이 커야 밥을 많이 담을 수 있듯이 머리가 커야 지식을 많이 담을 수 있다고 생각한 것이지요.

미국의 의사 새뮤얼 모턴은 이를 증명하기 위해 약 1,000개의 두개골을 모아서 크기를 측정했습니다. 그러고는 남자가 여자보다 더 똑똑하다는 결론을 내렸습니다. 남자의 머리가 여자의 머리보다 더 크다는 것이지요.

이 논리는 당시 유행했던 골상학이라는 사이비 과학에서 비롯되었습니다. 사람마다 뇌의 모양이 다르고, 그에 따라 두개골의 모양도 달라진다는 주장입니다. 그래서 두개골의 모양을 잘 살펴보면, 그 사람의 지능뿐 아니라, 재능이나 성격, 심지어 범죄 성향까지 알 수 있다는 것이죠. 골상학에 따르면 범죄자의 두개골은 폭력성을 담당하는 부위가 발달해서 툭 튀어나와 있고, 양심을 담당하는 부위는 발달하지 않아 평평하거나 파여 있다고 합니다. 물론 우리는 이것이 말도 안 되는 주장이라는 것을 금방 알 수 있습니다.

실제로 뇌의 용량은 지능과는 별 상관이 없습니다. 인간의 뇌는 평균 1,350시시[CC] 정도로, 개인차가 큽니다. 조지 바이런과 아나톨 프랑스는 각각 영국과 프랑스를 대표하는 뛰어난 문학가인데, 바이런의 뇌가 2,300시시였던 데 비해 아나톨 프랑스의 뇌는 겨우 1,000시시 정도였습니다.

프랑스 소르본 대학의 심리 실험실 실장이었던 알프레드 비네 역시 지능과 신체적인 특징이 별개의 것이라고 여겼습니다. 당시 비네는 교육부 장관의 지시로 학생들의 학습 능력을 식별하는 방법을 찾고 있었습니다. 평균에 못 미치는 학생들에게 맞

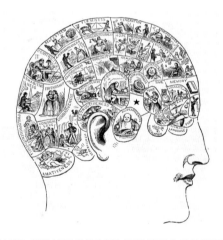

골상학에 따른 두뇌 지도. 뇌에서 어떤 부분이 어떤 성격을 담당하는지 표시되어 있다. 이는 물론 과학적 근거가 전혀 없는 것이다.

춤식 교육을 실시하기 위한 것이었지요.

비네는 고심 끝에 1904년 실용적인 검사 방법을 고안해 냈습니다. 유아에서 성인에 이르기까지 각 나이대에서 풀 수 있을 만한 문제를 낸 뒤 어느 단계까지 맞혔는가를 보고, 이것을 실제 나이와 비교해서 학습 수준을 파악하는 방법이었지요.

예를 들어 열 살짜리 아이에게 열 살용 문제를 풀게 한 뒤, 아이가 평균보다 낮은 점수를 얻었다면 그보다 낮은 나이대의 문제들을 차례로 줍니다. 그렇게 내려가다가 아이가 제대로 풀 수 있는 문제의 수준이 일곱 살용이라면, 이 아이의 지능 나이를 일곱 살로 보고, 또래보다 3년 정도 늦은 학습 부진아로 판단합니다. 이런 아이에게는 다른 방식의 교육이 필요하지요.

이처럼 처음에 지능검사의 목적은 머리 좋은 아이를 구별해 내는 것이 아니라, 학습을 따라가지 못하는 아이를 돕기 위한 것이었습니다. 그런데 이 지능검사가 미국으로 넘어가면서 변하기 시작합니다.

1916년 미국 스탠퍼드 대학교의 심리학 교수인 루이스 터먼은 비네의 검사법을 도입해 스탠퍼드-비네 검사를 개발했습니다. 오늘날 우리가 알고 있는 아이큐 검사의 초기 모델이 바로 이것입니다.

스탠퍼드-비네 검사는 연령별 표준집단의 평균을 1로 정하고, 검사 결과를 이에 비교한 뒤 여기에 100을 곱해서 나타냈습니다. 예를 들어 열 살 아이가 열 살용 문제에서 평균보다 30퍼센트 높은 점수를 얻었다면 아이큐는 (1+0.3)×100=130입니다. 반대로 30퍼센트 낮은 점수를 얻었다면 아이큐는 (1-0.3)×100=70이고요. 대략 130 이상을 우수하다고 보며, 70 이하는 정신적으로 지체되었다고 평가합니다. 사람들의 아이큐는 대부분 100 전후에 집중되며, 130 이상이나 70 이하가 나오는 경우는 2.5퍼센트로 매우 드뭅니다. 현재 지능지수를 평가하는 검사는 스탠퍼드-비네 검사 외에도 십여 가지가 있지만 결과는 비슷하게 나옵니다.

스탠퍼드-비네 검사가 일상생활에 자리 잡기까지는 전쟁이 큰 역할을 했습니다. 미국은 제1차세계대전에 참전하면서 이 검사를 일종의 군인 선별 방법으로 사용했습니다. 그 이유는 무기가 바뀌었기 때문입니다. 총과 대포는 창과 도끼에 비해 다루기가 어렵습니다. 게다가 잘못 사용하면 아군에게도 피해를 입힐 수 있지요. 그러니 군인에게 이들 무기의 사용법을 숙지할 수 있을 정도의 지능은 필요했던 것입니다.

이후 스탠퍼드-비네 검사는 조금씩 변형을 거쳐 언어능력, 수리력, 추리력, 공간 지각력 등 네 가지 요소로 구성된 현대식 아이큐 검사로 완성되었습니다. 그러면서 애초의 목적과는 달리

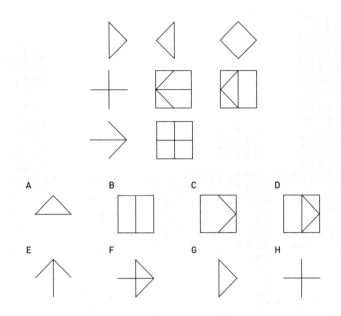

아이큐 검사에 나오는 문제의 예. 아이큐 검사는 인간이 가진 지능을 종합적으로 나타내기에는 한계가 있다.

아이들을 지능에 따라 줄 세우는 차별의 수단으로 변질되었습니다. 아이큐 검사 점수가 떨어지는 사람은 '발달 장애'라는 꼬리표를 붙여 사회에서 격리하기까지 했습니다.

　하지만 아이큐 검사가 사람의 지능을 판단하는 정확한 기준이 될 수 있을까요?

아이큐 검사는 만능이 아니다

아이큐가 떨어진다고 해서 모든 종류의 지능이 떨어지는 것은 아닙니다. 예를 들어 서번트 증후군을 가진 사람은 아이큐가 40~70에 불과하지만 특정한 분야에 대해서는 엄청난 천재성을 보입니다.

2019년, 눈이 보이지 않는 데다 자폐증까지 앓고 있는 한국계 미국인 코디 리가 '아메리카 갓 탤런트'라는 오디션 프로그램에서 우승을 차지한 일이 있었습니다. 코디 리는 시각 장애와 발달 장애를 가지고 태어났습니다. 누가 챙겨 주지 않으면 밥을 먹고 옷을 입는 간단한 일조차 할 수 없었지요. 하지만 피아노 연주 실력만큼은 타의 추종을 불허했습니다. 코디는 악보 읽는 법은커녕 피아노 치는 법조차 배운 적이 없지만 아무리 어려운 곡도 한두 번만 들으면 외워서 정확하게 피아노로 쳤습니다.

일부 학자들은 아이큐 검사가 반쪽짜리 검사라고 주장합니다. 수리력이나 암기력을 주로 측정하는 아이큐 검사로는 뇌의 다른 능력인 창의력이나 예술성 같은 능력을 알기 어렵다는 것입니다. 그래서 최근에는 아이큐 검사의 약점을 보완하기 위해 감성지수Emotional Quotient, 교양지수Cultural Quotient, 솜씨지수Technical Quotient 등 다양한 기준을 바탕으로 하는 새로운 지수들이 등장하고 있습니다. 하지만 이들 역시 줄 세우기의 함정에서 벗어나지 못하고 차별 의식과 패배 의식을 불러일으킨다는 비판을 받고 있습니다.

사실 인간의 뇌는 모두 다릅니다. 애초에 다르게 태어날 뿐 아니라, 환경과 교육과 경험의 차이로 인해 세상에서 유일무이한 뇌로 성장합니다. 그리고 인간의 위대함은 이렇게 서로 다른 뇌로부터 나옵니다. 뇌가 다르기에 각자 두각을 나타내는 분야가 다르고, 그 다양성이야말로 자연이 인간에게 준 가장 큰 가능성이자 축복이기 때문입니다.

만약 인간의 뇌가 다 똑같다면, 그래서 똑같은 분야를 잘하는 사람만 모여 있다면 인간 사회는 너무나 단순해지고 획일화될 것입니다. 그런 사회는 오래가지 못합니다. 그러니 이런저런 검사에서 조금 높은 점수가 나왔다고 우쭐댈 이유도, 나쁜 점수를 받았다고 주눅이 들 필요도 없습니다. 너와 나의 뇌는 우열하거나 열등한 것이 아니라 그저 서로 다른 것이니까요.

스크린 도어가 안전을 위협한다?

17시 2분 서연이 앞에서 망신살이 뻗치다

학교 수업은 끝났지만 아직 학원 수업이 남아 있었다. 훈이는 운동장에서 친구들과 노는 데 정신이 팔려 있다가 학원 시간이 거의 다 되어서야 헐레벌떡 지하철역으로 향했다.

'으악, 이러다가 늦겠네!'

지하철 승강장에 도착한 훈이는 그제야 숨을 골랐다. 그때 건너편 승강장에 낯익은 얼굴이 보였다. 옆 반 서연이었다. 친구에게 교과서를 빌리러 갔다가 우연히 본 뒤로 훈이는 서연이에게 호감을 갖고 있었다. 물론 말 한 번 붙여 보지 못했지만 말이다.

'어, 서연이 혼자 있네. 이건 하늘이 주신 기회야!'

훈이는 반대편 승강장으로 건너가기 위해 잽싸게 계단을 올랐다. 학원에 늦을지도 모른다는 생각은 저 멀리 날아가 버렸다. 그때 건너편 승강장에서 안내 방송이 들려왔다.

"잠시 후 열차가 들어오겠습니다. 승강장에 계신 승객 여러분은 한 걸음 물러서 주시기 바랍니다."

훈이는 온 힘을 다해 달렸다. 계단을 내려가니 다행히 스크린 도어가 아직 열려 있었다. 훈이는 지하철 문을 향해 몸을 날렸다. 하지만 행운의 여신은 훈이의 편이 아니었다. 스크린 도어가 이미 닫히는 중이었던 것이다. 훈이는 보기 좋게 스크린 도어에 부딪쳤다가 승강장에 나동그라졌다. 커다란 소리에 깜짝 놀란 사람들이 훈이를 쳐다보았다. 그중에는 황당하다는 표정을 짓고 있는 서연이도 있었다.

훈이는 아픈 것도 잊은 채 후다닥 승강장을 빠져나왔다.

'스크린 도어만 없었어도 충분히 탈 수 있었는데! 서연이한테 말도 못 붙이고, 학원도 지각하고, 저놈의 스크린 도어는 왜 만들어 놓은 건지, 어휴!'

안전장치가 낳은 새로운 안전사고

요즘 대부분의 지하철역에는 스크린 도어가 설치되어 있습니다. 스크린 도어는 지하철 승강장에서 사람들이 선로로 떨어지는 것을 막기 위한 안전장치입니다. 실제로 스크린 도어가 설치된 뒤 선로로 떨어지는 사고가 90퍼센트 이상 줄었다고 합니다.

하지만 안전을 위해 설치된 스크린 도어가 거꾸로 안전을 위협하기도 합니다. 지하철과 스크린 도어 사이에 갇히거나, 스크린 도어에 몸이나 옷이 끼어 사고를 당하는 경우가 늘고 있는 것입니다. 실제로 2022년 2월, 한 30대 남성이 열차에 탑승하려다 갑자기 지하철 문이 닫히는 바람에 열차와 스크린 도어 사이에 끼이고 말았습니다. 스크린 도어가 열린 상태에서 열차는 출발했고, 남자는 15초 뒤 튕겨 나왔습니다. 이 사고로 남자는 어깨 인대가 파열돼 여러 차례 수술을 받았다고 합니다.

이렇게 현대사회에서는 안전을 위해 설치된 안전장치가 오히려 사람들을 위협하는 경우가 종종 있습니다. 화재가 일어났

지하철역의 스크린 도어. 선로에 떨어지는 사고를 방지하기 위해 설치된 스크린 도어가 또 다른 위험을 부를 수 있다.

을 때 불길이 번지는 것을 막아 주는 방화 셔터도 그런 예입니다. 2019년 9월, 김해의 한 초등학생이 방화 셔터에 깔려 심한 뇌손상을 입은 사고가 일어났습니다. 사고 원인은 방화 셔터의 특성을 이해하지 못한 담당자의 조작 실수였지요.

엘리베이터 문은 중간에 이물질이 끼면 다시 열리지만, 방화 셔터는 일단 작동하기 시작하면 셔터의 아랫부분이 바닥에 완전히 닿아야 작동을 멈추는 특성이 있습니다. 불길을 서둘러 막아야 하는 방화 셔터의 목적상 어쩔 수 없는 부분이지요. 결국 아이가 끼었음에도 방화 셔터는 계속 작동했고 아이는 중상을 입고 말았습니다. 위험에 대비하려고 만든 안전장치가 또 다른 위험을 낳다니 참 아이러니한 일이지요.

불운이 위험으로 바뀌다

어떤 사람들은 인간의 역사가 '위험에 대처해 온 과정'이라고 말하곤 합니다. 사실 영어에서 위험을 뜻하는 단어 'risk'는 17세기 이전에는 존재하지 않았다고 합니다. 물론 이전 시대가 위험하지 않았다는 것은 아닙니다. 온갖 자연재해와 전염병에 사람들이 속수무책으로 죽어 가던 시대였으니까요.

그런데 당시 사람들은 이러한 위험을 인간의 힘으로 어찌할 수 없는 불운이라고 생각했습니다. 살아나면 운이 좋은 것이고, 죽으면 그저 운이 나쁜 것으로 여긴 것이지요. '불운'이 '위험'으로 바뀐 것은 17세기 과학혁명 이후였습니다. 과학의 발달로 그동안 숨겨져 있던 불운의 정체가 속속들이 파헤쳐졌거든요.

예를 하나 들어 볼까요? 과거 많은 문화권에서 벼락은 신의 징벌로 여겨졌습니다. 번개가 치면 불이 나거나 목숨을 잃는 사람이 생겼는데 왜 그런 일이 일어나는지 이유를 알 수 없었기 때문이지요. 그리스 신화에서 제우스가 번개를 이용해 티탄족 거인을 무찌르고 악인을 벌하는 것, 우리나라에서 심보 못된 사람을 가리켜 '벼락 맞을 놈'이라고 욕하는 것도 이런 믿음에서 나온 것입니다.

그런데 1752년 벤저민 프랭클린이 연날리기 실험을 통해 번개가 일종의 전기적 현상이라는 것을 밝혀냈습니다. 여름철에 발생하는 소나기구름 안에서 양전하를 띤 물방울은 위로 올라가고 음전하를 띤 물방울은 아래쪽에 모이게 됩니다. 구름 아래에 음전하가 많이 모이게 되면, 땅 위의 양전하에

그리스의 오래된 수도원에 설치되어 있는 피뢰침. 인간은 피뢰침 덕분에 벼락의 위험에서 벗어날 수 있었다.

이끌려 한꺼번에 쏟아지는 현상이 발생하는데 이것을 벼락 또는 낙뢰라고 합니다. 이때 발생하는 불빛을 번개라고 하고, 우르르 쾅쾅 하는 소리를 천둥이라고 합니다.

프랭클린은 이 사실을 바탕으로 벼락을 피할 수 있는 안전장치인 피뢰침을 개발했습니다. 피뢰침의 원리는 간단합니다. 구름 속에 음전하가 많이 쌓여서 번개가 치는 일이 일어나지 않도록 전기가 잘 통하는 금속 핀을 통해 평소에 조금씩 음전하를 흘려 버리는 것입니다. 욕조의 물이 넘치지 않도록 배수구를 조금 열어 두는 것과 마찬가지입니다.

이처럼 벼락의 원인이 밝혀지고 피뢰침이 개발되자 이제 벼

락은 불운이나 신의 징벌이 아니라 자연현상일 뿐이며 미리 대비하면 충분히 피할 수 있는 것이 되었습니다. 사람들은 '우연히 일어나는 나쁜 일'이라는 개념을 '충분히 노력하면 피할 수 있는 것'이라는 개념으로 바꾸고 이에 '위험'이라는 단어를 쓰기 시작했습니다.

여기에서 더 나아가 과학의 발전은 위험을 '안전한 것'으로 바꾸어 주었습니다. 소중한 인명을 지키기 위한 다양한 안전장치가 개발된 것이지요. 자동차의 경우만 해도 그렇습니다. 오늘날의 자동차는 100년 전의 자동차에 비해 속력이 훨씬 빨라졌지만 안전벨트, 안전유리, 에어백 등 여러 안전장치가 부착되어 자동차로 인한 사망률은 더 낮아졌습니다.

그렇다면 앞에서 이야기한 스크린 도어나 방화 셔터로 인한 사고는 어떻게 봐야 할까요? 과학이 안전을 완벽하게 지켜 줄 수는 없는 것일까요? 과학이 만든 안전장치에 허점이 있는 것일까요?

안전장치가 진짜로 안전해지려면?

안전장치를 설치하면 이전에 비해 훨씬 안전해지는 건 사실입니다. 하지만 설치되는 순간부터 사람들의 방심을 불러일으키기도 합니다. 따라서 안전장치를 설치할 때는 이런 사람들의 심리까지 고려해야 합니다.

다시 스크린 도어 사고를 살펴봅시다. 스크린 도어와 관련된 안전사고는 스크린 도어에 끼이는 사고보다 스크린 도어와 지하철 사이의 공간에 끼이는 사고가 더 많습니다. 이것은 대부분의 지하철역에서 지하철 문을 먼저 닫고 이어서 스크린 도어를 닫기 때문입니다. 스크린 도어가 열려 있으니 지하철 문도 열려 있을 것이라 생각한 사람들이 무조건 뛰어들었다가 스크린 도어와 지하철 사이에 끼이는 것이지요. 애초에 스크린 도어를 지하철 문

과 동시에 닫거나, 조금 일찍 닫으면 충분히 예방할 수 있는 문제인 것입니다.

방화 셔터의 경우도 마찬가지입니다. 방화 셔터는 중간에 장애물이 끼어도 끝까지 내려가야 하는 특성을 갖고 있습니다. 그러나 예외적인 상황에 대처할 수도 있어야 합니다. 위급한 일이 발생했을 때 일시적으로 중단할 수 있는 수동 기능이 있다면 사람이 끼어서 다치는 사고는 줄어들 것입니다.

안전장치는 앞으로도 계속 개발되어야 합니다. 사람의 목숨과 안전은 그 무엇보다도 소중하니까요. 단, 스크린 도어 사고나 방화 셔터 사고에서 볼 수 있듯이 안전장치가 또 다른 위험이 될 수도 있다는 점을 충분히 염두에 두고 만들어야 합니다. 또한 설치한 안전장치를 제대로 점검하고 관리하는 것도 잊지 말아야 합니다. 안전장치는 믿고 의지할 수 있을 때에 비로소 가치가 있는 것이니까요.

우리 몸은 단맛을 사랑해!

▼
▲

14

17시 34분 편의점에서 배를 채우다

터덜터덜 학원으로 가는 훈이. 서연이한테 정신 나간 놈으로 찍힌 데다 여기저기 아프기까지 해서 기분이 꿀꿀했다. 아침에 엉덩방아를 찧은 부분도 다시 욱신거리는 것 같았다. 안 그래도 가기 싫은 학원에 오늘은 정말 눈길도 주고 싶지 않았다. 하지만 학원을 빠졌다가는 엄마 아빠의 2단 잔소리가 떨어질 것이다. 잔소리쯤이야 흘려들으면 그만이지만 휴대폰을 압수당할까 봐 겁이 났다.

그래도 이런 기분으로 학원에 가기는 싫었다. 생각 끝에 훈이는 작은 반항을 하기로 결심했다. 이미 지각인 첫 번째 수업은 제치고 두 번째 수업부터 들어가기로 한 것이다.

"아, 배고파. 뭐 좀 먹어야겠다."

학원 근처 편의점에 들어가자 같은 학원에 다니는 동현이가 컵라면을 먹고 있었다.

"이 녀석, 학원 안 가고 배 속부터 채우는 거냐?"

"자기도 똑같은 주제에!"

훈이와 동현이는 키득거리며 컵라면을 후딱 해치웠다. 그것으로도 부족해서 훈이는 초코바를, 동현이는 치킨을 입에 물었다.

"훈이 너 아무리 자라나는 청소년이라지만 너무 먹는다. 초콜릿 복근이 유행한다니까 위장을 초콜릿으로 코팅할 생각이야?"

"그러는 넌 요즘 얼굴이 호빵맨 된 거 모르냐?"

동현이가 장난으로 훈이의 목을 조르는 시늉을 했다. 훈이는 동현이의 손을 피해 편의점 밖으로 도망쳤다.

학원으로 가는 길에 동현이가 말했다.

"사실 나 요즘 살이 좀 찌긴 했어. 하지만 몸짱이 되려면 맛없는 것만 먹어야 한단 말이야. 왜 살 찌는 음식은 맛이 좋고, 몸에 좋다는 음식은 맛이 없을까?"

"난들 알겠냐……."

훈이는 대답을 흐리며 남은 초콜릿을 꿀꺽 삼켰다.

우리 몸의 욕심꾸러기, 지방세포

훈이가 달콤한 음식의 덫에 걸렸군요. 훈이의 친구 동현이의 물음은 누구나 한 번쯤 가져 보았을 겁니다. 여러분이 '맛있다' 고 생각하는 음식을 떠올려 보세요. 달콤한 초콜릿 크림이 덮인 촉촉한 케이크, 입 안에서 살살 녹는 부드러운 꽃등심, 방금 튀겨 바삭바삭한 치킨, 치즈가 듬뿍 올려진 쫄깃한 피자……. 상상

만 해도 입가에 침이 고이지 않나요?

입맛은 사람마다 다르지만 대부분은 달고 기름진 음식, 그러니까 탄수화물의 일종인 당분과 지방이 듬뿍 든 음식을 맛있다고 느낍니다. 그러나 이렇게 사람들이 좋아하는 음식은 칼로리가 높아서 비만과 성인병의 원인이 되지요.

이것은 현대의 인간에게 비극에 가까운 아이러니입니다. 왜 이런 아이러니가 생기는 걸까요? 결론부터 말하자면, 인간의 생물학적 특성은 그대로인데 인간을 둘러싼 환경이 변했기 때문입니다.

여기서 우리는 음식을 좋다, 나쁘다로 나누는 기준에 대해 다시 생각해 볼 필요가 있습니다.

진화의 결과로 단맛을 찾게 되다

달고 기름진 고칼로리 음식이 무조건 나쁜 건 아닙니다. 오히려 생물학적으로 본다면 매우 좋은 먹을거리이지요. 당분과 지방은 생명체가 살아가는 데 꼭 필요한 영양소이기 때문입니다.

자동차는 연료가 필요하고, 휴대폰은 배터리가 필요하듯이 인간은 열량이 필요합니다. 그리고 그 열량을 얻을 수 있는 영양소가 바로 탄수화물, 지방, 단백질이지요. 탄수화물과 단백질을 섭취하면 각각 1그램당 4킬로칼로리의 열량을, 지방은 9킬로칼로리의 열량을 얻을 수 있습니다.

나이, 성별, 체구에 따라 약간씩
다르지만 보통 성인은 하루에 1,600~2,000
킬로칼로리의 열량이 필요합니
다. 탄수화물이나 단백질의
경우 하루에 450그램 정도, 지방
의 경우 200그램 정도를 섭취해야
한다는 계산이 나옵니다.

이 정도는 얼마든지 쉽게 구할 수
있을 것 같다고요? 만약 내가 수만 년
전 원시인이라면 어떨까요? 우선 동
물을 사냥하는 건 쉽지 않은 일이었
습니다. 인간보다 덩치가 크거나 너

구석기 시대의 조각으로 추정되는
'빌렌도르프의 비너스'. 먼 과거에는
이렇게 몸집이 큰 여성을 아름답다
고 여겼음을 알 수 있다.

무 빠른 속도로 움직였으니까요. 독이 없는 식물을 발견해도 열
매나 뿌리의 일부밖에 먹을 수 없었습니다. 열매나 뿌리에 들어
있는 당분과 녹말은 소화할 수 있지만, 줄기나 잎에 들어 있는
섬유질은 소화할 수 없거든요.

운 좋게 나무 열매나 고기를 구했다고 해도 거기서 얻을 수 있
는 열량은 미미했습니다. 사과를 예로 들어 볼까요? 사과는 86퍼
센트가 수분이고 12퍼센트가 당분입니다. 즉 200그램짜리 사과

한 알을 먹었을 때 섭취하는 당분은 24그램, 여기서 얻을 수 있는 열량은 96킬로칼로리밖에 안 됩니다. 하루에 필요한 열량을 사과로만 채우려면 하루에 사과를 스무 개는 먹어야 합니다. 그런데 그만큼 많은 사과는 먹기도 힘들 뿐더러 구하기도 어려웠습니다. 사과만 계속 먹다 보면 영양 불균형이 올 수도 있고요.

이렇게 오랫동안 열량이 부족한 환경에서 살아온 인류는 열량이 많은 음식을 좋아하는 신체 구조로 진화했습니다. 기름지고 달콤한 음식을 먹으면 뇌에서 도파민이나 내인성 오피오이드 같은 호르몬이 분비되는데, 이 호르몬들은 뇌의 쾌락 중추를 자극해 행복감을 느끼게 만듭니다. 우울할 때 달콤한 음식을 먹으면 기분이 나아지는 것은 그래서입니다.

인체가 열량을 좋아하고 저장하는 방식으로 진화하면서 지방세포도 특별한 성질을 갖게 되었습니다. 보통 세포들은 일정 크기 이상으로 자라나지 않는 반면, 지방세포는 원래 크기의 200배까지도 커질 수 있습니다. 어떻게든 지방을 가득 저장해 두려는 비장한 의도가 엿보이죠? 게다가 지방세포는 욕심이 많아서 한번 저장된 지방은 여간해서 내놓지 않습니다. 실제로 우리가 몸을 움직이면 혈액 속의 혈당이 가장 먼저 소비되고 그다음에는 간에 저장된 글리코겐, 그리고 지방은 가장 나중에 사용됩니다. 그런데 우리 몸은 대개 혈당만 떨어져도 배고프다는 신호를 마구 보내 음식을 먹게 만들기 때문에 지방이 쓰이는 경우는 별로 없습니다.

이런 지방세포의 성질은 과거에는 인간의 생존에 매우 중요한 역할을 했습니다. 먹을 것이 풍부한 여름과 가을에 가능한 한 많이 먹고 지방을 저장해 두어야 식량이 부족한 겨울을 버틸 수 있었으니까요. 요즘에는 먹어도 먹어도 살찌지 않는 사람들을 복 받은 체질이라고 하지만 과거에는 이런 사람들이야말로 저주받은 체질이었을 것입니다. 아무리 먹어도 지방이 저장되지 않아 시시때때로 닥치는 기근을 넘기기 힘들었을 테니까요. 그런데 최근 들어 세상이 너무 많이 변했지요. 달고 기름진 음식이 넘쳐 나기 시작한 것입니다.

우리 몸과 새로운 시대의 충돌

20세기 중반까지만 하더라도, 사람들의 주된 먹을거리는 도정이 덜 된 곡물로 지은 거친 밥과 열량이 낮은 나물이 대부분이었습니다. 그러던 것이 이제는 탄수화물 덩어리인 정제된 곡물에 설탕을 잔뜩 넣어 튀긴 도넛, 설탕과 유지방이 듬뿍 든 아이스크림, 너무 달아서 혀가 마비되어 버릴 것 같은 초콜릿 케이크가 사람들의 입맛을 사로잡았습니다.

이런 고칼로리 음식을 자꾸 먹으면 열량이 몸에 쌓여 문제가 됩니다. 우리 몸이 남는 열량을 미련 없이 버리는 쿨한 성격이라면 비만을 걱정할 필요가 없을 것입니다. 하지만 오랫동안 열량이 부족한 환경에서 살아온 우리 몸은 감히 그럴 생각을 하지 못합니다. 쓰고 남은 열량을 지방으로 바꾸어 지방세포에 착착 저장하지요.

먹을거리가 부족하던 옛날에는 통통한 몸을 아름답다고 여겼습니다. 하지만 시대가 변해 열량을 쉽게 섭취할 수 있게 되자 아름다운 몸에 대한 기준이 바뀌었습니다. 우리는 통통한 몸보다 날씬한 몸을 아름답게 여깁니다. 과거에는 없어서 못 먹었던 고열량 식품들도 비만과 성인병의 주범으로 기피당하는 신세가 되었습니다. 이것은 모두 세상의 빠른 변화에 우리 몸이 적

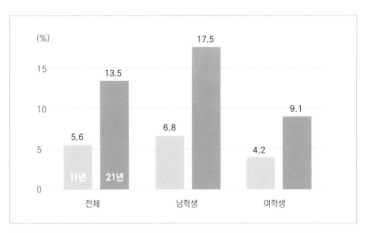

우리나라 중·고등학생 비만율 현황. 10년 사이 비만율이 상당히 높아진 것을 알 수 있다.

응하지 못해 벌어지는 일입니다. 당장 몸을 바꿀 수 없다면 우리는 무엇을 해야 할까요? 맞습니다. 우리 몸에 맞는 식습관과 생활 방식을 되찾아야 합니다. 골고루 먹고, 적게 먹고, 많이 움직이는 것이야말로 건강을 지키는 가장 현명한 방법이지요.

진화론은 경쟁보다 공존!

15

18시 8분 모의고사 성적 때문에 잔소리를 듣다

쉬는 시간에 살짝 학원으로 들어간 훈이를 선생님이 강사실로 불렀다. 선생님의 책상에는 지난번에 본 모의고사 성적표가 놓여 있었다.

"내가 왜 불렀는지 알겠지?"

"모르겠는데요."

훈이는 다 알면서도 시치미를 뗐다. 선생님은 그런 훈이를 흘겨보면서 훈이에게 성적표를 내밀었다.

모의고사 성적표의 등수는 평소보다 일곱 계단이나 내려가 있었다. 예상은 했지만 그래도 직접 보니 가슴이 철렁했다.

"혹시 집에 무슨 일이라도 있었던 거냐?"

"아뇨."

"여자 친구가 생겼다든가?"

"그럴 리가요."

"그럼 도대체 왜 이렇게 성적이 떨어진 거야?"

훈이는 아무 말도 할 수 없었다. 겨울방학 때 게임을 하느라 공부를 소홀히 한 감은 있었지만 이렇게까지 성적이 떨어질 줄은 몰랐다. 훈이가 가만있자 선생님은 이때다 싶었는지 설교를 시작했다.

"이 세상은 경쟁 사회야. 경쟁에서 이긴 사람이 모든 걸 다 가지는 구조라고. 너도 적자생존이니 약육강식이니 하는 말이 무슨 뜻인지 알지? 인간 사회도 자연하고 똑같아. 먹지 않으면 먹히고, 이기지 않으면 빼앗겨. 네 주변 애들이 모두 네 경쟁자란 말이야."

훈이는 듣다 보니 반발심이 솟았다. 그래서 숙제 핑계를 대며 벌떡 일어나 나와 버렸다. 선생님의 말을 곱씹을수록 화가 났다.

'어떻게 저렇게 잔인한 말을 하지? 그럼 친구들을 모두 적으로 돌리라는 거야?'

진화론을 왜곡한 적자생존의 논리

우리나라 교육이 입시 경쟁 위주의 기형적인 모습으로 변모된 것은 어제오늘 일만은 아닙니다. 사회, 부모, 학교는 경쟁에서 이기지 못하면 낙오자가 된다고 으름장을 놓으며 아이들을 몰아붙이고는 짐짓 깨달은 척 이렇게 말합니다. 진화론에 의하면 자연은 적자생존의 원리로 이루어져 있으니, 인간 사회도 경쟁 원리에 따라 움직이는 것이 당연하다고 말입니다. 그런데 문제는 사회에서 말하는 좋은 직업을 가질 수 있는 아이들이 아주 소수에 불과하다는 것입니다. 소수의 승리자와 대다수의 낙오자를 양산해 내는 시스템, 정말로 이것이 자연이 우리에게 주는 교훈일까요?

『종의 기원』 초판에서 찰스 다윈은 '적자생존'이라는 말을 사용한 적이 없습니다. 심지어 '진화'라는 말조차 쓰는 걸 조심스러워했습니다. '진화'보다는 '변이를 동반한 유전'이라는 표현을 더 많이 썼지요. 진화에는 '나아가다' 혹은 '발전하다'라는 뉘앙스가 담겨 있는데, 다윈에게 있어 진화란 꼭 과거보다 우수해지는 것이 아니었기 때문입니다. 다윈은 진화라는 말 자체가 오해를 불러일으킬까 봐 걱정했습니다. 그리고 그 걱정은 현실이 되었지요.

진화는 발전이 아니다

지금도 많은 사람이 진화에 방향성이나 목적성, 우열 관계가 존재한다고 오해합니다. 시간이 지남에 따라 생명체가 이전보다 더 나은 쪽으로 발전한다고 여기는 것이죠. 얼핏 그럴듯해 보이지만 사실 진화는 우연의 결과물일 뿐입니다.

벌새를 예로 들어 볼까요? 벌새는 길고 가느다란 부리를 가지고 있으며, 초당 200회가 넘는 날갯짓을 통해 정지 비행을 할 수 있습니다. 이러한 특징은 벌새가 꽃의 꿀을 빨아 먹기 위한 최적의 조건입니다. 그래서 사람의 눈에는 벌새가 이런 방향으로 의도를 가지고 진화한 듯이 보일 수 있습니다. 하지만 이런 선입견은 사실과 다릅니다.

먼 옛날 우연한 돌연변이로 다른 벌새보다 좀 더 부리가 길고, 정지 비행을 잘하는 벌새가 태어났을 것입니다. 유리한 특성을 가진 이 벌새는 좀 더 오래 살아남아 많은 자손을 남겼을 것이고, 이런 일이 오랜 세월 거듭되면서 벌새가 지금의 형태를 갖추게 된 것입니다.

진화가 꼭 개선이라 말할 수도 없습니다. 만약 개선되는 방향으로만 진화가 일어난다면 어두운 동굴에 사는 동물의 눈이 거의 보이지 않게 퇴화한 것을 설명할 수 없겠지요.

우리는 인간이 만물의 영장이며, 가장 고등한 생명체라고 여길 때가 많습니다. 그러나 모든 생명체는 자신이 처한 환경에 최적화된 조건을 갖고 있습니다. 인간은 물속에 들어가면 단 5분도 못 견디고 죽고 맙니다. 멍청함의 대명사로 불리는 금붕어도, 도무지 뇌다운 뇌라고는 존재하지 않을 것 같은 장구벌레도, 심지어는 단 하나의 세포로 구성된 플랑크톤조차 물속에서 숨을 쉴 수 있는데 말입니다. 그러니 여러 생명체를 줄 세워 놓고 우열을 가르는 것은 아무 의미가 없습니다. 모든 생물체는 저마다 처한 환경에 가장 잘 적응하도록 변화한 것뿐이니까요.

적자생존이라는 말을 처음 쓴 사람은 다윈이 아니라, 동시대의 철학자이자 경제학자인 허버트 스펜서였습니다. 스펜서는 자연을 경쟁 상태로 인식했습니다. 실제로 많은 동물이 먹이와 세력권을 놓고 경쟁합니다. 이는 동물이 특별히 경쟁적이어서가 아니라 지구상의 자원이 유한하기 때문에 벌어지는 자연스러운 현상입니다.

여기서 우리는 스펜서가 살았던 19세기 영국의 사회상을 살펴볼 필요가 있습니다. 당시 영국은 사회적 불평등과 빈부 격차가 극에 달해 있었습니다. 하지만 자유와 천부인권 사상을 가치 있게 여기기도 했지요. 모든 사람이 동등하다는 가치관을 가진 사회에서, 누구는 잘살고 누구는 못사는 일이 반복된다면 못 가진 이들의 불만이 커질 수밖에 없습니다. 이런 모순적인 상황에서 스펜서는 진화론을 끌어들입니다. 야생동물이 먹이와 서식지를 두고 경쟁하듯, 인간이 사회적 자원을 두고 경쟁하는 것은 자연스러운 일이며, 경쟁에서 이긴 자가 모든 것을 차지하는 것도 당연하다고 말이죠. 스펜서는 이를 '적자생존'이라고 표현했습니다. 다윈이 진화론으로 생물이 살아가는 과정을 설명했다면, 스펜서는 진화론을 근거로 인간 사회의 부조리를 정당화하고자 한 것입니다.

애초에 스펜서가 말했던 적자생존이라는 말이 어쩌다 다윈이 말한 것으로 왜곡되어 알려졌는지, 다윈으로서는 참으로 억울한 일이 아닐 수 없습니다. 다윈은 적자생존의 경쟁 구도보다는 변이의 다양성을 통한 자연선택을 더 중요시했거든요. 이 사실은 '다윈 핀치'라는 별명으로 잘 알려진 갈라파고스핀치에 대한 연구에서도 뚜렷이 드러납니다.

경쟁 대신 다양성의 시대로

1835년 9월, 에콰도르에서 서쪽으로 1,000킬로미터 떨어진 갈라파고스 제도에 도착한 젊은 다윈은 흥미로운 사실을 발견하게 됩니다. 갈라파고스 제도에는 총 열세 종의 핀치가 살고 있었는데, 크기나 습성은 비슷했지만 부리의 모양만은 먹이에 따라 천차만별이었습니다.

예를 들어 벌레가 주식인 핀치는 벌레를 찍어 먹기에 유리하도록 주삿바늘처럼 생긴 부리를 가지고 있었고, 견과류나 씨앗이 주식인 핀치는 단단한 껍질을 부수기에 유리하도록 지렛대 같은 부리를 가지고 있었습니다.

다윈은 열세 종의 핀치가 원래는 하나의 종이었으나, 오랜 세월 저마다 다른 환경에서 다른 먹이에 적응하다 보니 다양하게 변화한 것이라고 추측했습니다. 여기서 의미 있는 사실은 핀치가 하나의 우수한 종으로 통합된 것이 아니라, 여러 개의 서로 다른 종으로 쪼개졌다는 것입니다.

핀치의 먹이가 세분화되었다는 것 역시 주목할 만합니다. 만약 핀치가 한 가지 먹이에만 집착했다면 먹이가 부족해져 수가 늘어나지 못했을 것입니다. 즉 서로의 먹이사슬을 분리해 경쟁을 없앴기 때문에 갈라파고스 제도에 많은 핀치가 살 수 있게 된 것이지요.

물론 자원이 한정되어 있기에 자연에는 분명 경쟁이 존재합니다. 그러나 이런 경우에도 많은 생물이 자원을 독차지하기 위해

찰스 다윈(좌)과 허버트 스펜서(우). 스펜서는 진화론의 영향을 받아 적자생존을 강조했다. 하지만 실제로 다윈이 진화론을 통해 강조한 것은 다양성과 자연선택이었다.

욕심을 부리기보다는 서로 공존하는 방식을 찾아내곤 합니다. 예를 들어 균류와 조류가 한데 어우러진 지의류는 공생의 절정을 보여 줍니다. 조류는 광합성을 통해 포도당을 합성한 뒤, 이를 균류에게 나눠 줍니다. 균류는 공기 중의 수증기를 흡수해 조류에게 나눠 주지요. 조류와 균류의 공생 관계는 너무나 밀접해서, 서로 분리되면 살 수 없을 정도입니다.

요즘처럼 전국의 모든 수험생이 일류대로, 특히나 의대로 몰리는 현실은 진화론에 따른 자연의 생존 방식에 오히려 역행하는 것입니다. 이는 다양성을 통해 새로운 블루오션을 찾아내는 생물의 진화 방식이 아니라, 기존의 레드오션 속에서 어떻게든 버텨 보려는 '인간만의' 경쟁 방식입니다.

우리는 진화론이 경쟁보다는 공존의 논리에 바탕을 두고 있다는 사실을 오랫동안 왜곡해 왔습니다. 하지만 이제 세상은 변하고 있습니다. 획일성과 경쟁, 반목과 전쟁이 난무하던 시대는 가고 다양성과 화합, 공존이 가치 있는 시대가 오고 있지요. 다른 생명체들이 태곳적부터 실천해 온 가치를, 그리고 다윈이 진화론을 통해 알리고 싶어 했던 가치를 인간은 이제야 깨닫고 있나 봅니다

짧기만 한 저녁

19시 30분~23시 59분

기술이 발달하면 모두 행복할까?

16

19시 30분 제219차 모녀 대전이 벌어지다

훈이가 집에 도착해 문을 열자 누나의 새된 목소리가 들려왔다.

"엄마, 교복 제대로 빤 거 맞아? 여기 얼룩이 그냥 남아 있잖아. 오늘 이거 입고 갔다가 하루 종일 얼마나 창피했는지 알아?"

이크, 엄마와 누나 사이에 제219차 모녀 대전이 벌어졌나 보다. 이제 엄마가 큰소리를 낼 차례였다. 그런데 엄마의 반응은 뜻밖이었다. 목소리 톤이 사뭇 달랐다.

"아유, 잘 보이지도 않는데 뭘. 들어가서 옷부터 갈아입어."

"이게 뭐가 잘 보이지 않는다는 거야? 딱 눈에 띄는데."

누나의 방문이 쾅 닫혔다.

말은 부드럽게 했어도 엄마의 얼굴에는 속상한 티가 역력했다. 엄마가 애써 성질을 누른 것은 아마도 누나가 고3이 되었기 때문일 것이다.

사실 엄마와 누나의 싸움에서 잘못한 쪽은 대개 누나였다. 누나는 별것도 아닌 일로 걸핏하면 까탈을 부렸다.

'고3이 무슨 벼슬이라도 되는 줄 알아? 그렇게 마음에 안 들면 누나가 직접 빨면 될 것 아냐!'

훈이는 이 말이 목구멍까지 올라왔지만 꾹 참았다. 자칫하면 불똥이 자기한테까지 튈 것이 분명했으니까.

그러고 보면 집안일이라는 게 참 힘든 일인 것 같다. 엄마랑 아빠가 다투는 걸 보면 열에 아홉은 사소한 집안일 때문이다. 음식물 쓰레기를 왜 안 버렸느냐, 청소기 좀 자주 돌려라, 흰옷은 애벌빨래해서 넣어라…….

옛날에는 아궁이에 불을 때서 밥을 짓고, 한겨울에도 시냇가에 나가 손으로 빨래를 했다고 한다. 그에 비하면 요즘은 전자레인지만 돌리면 음식을 데울 수 있고, 세탁기 버튼만 누르면 빨래가 된다. 집안일이 훨씬 쉬워진 것 같은데, 왜 엄마 아빠는 집안일로 자주 다투는 걸까?

과학기술과 행복의 상관관계

　아직도 나이 지긋한 어르신들은 '어머니' 하면 호롱불 밑에
서 밤새워 삯바느질을 하고, 한겨울 찬물에 맨손으로 빨래를 하
는 모습을 떠올리며 "요즘은 참 살기 편한 세상이야."라고 말하
곤 합니다. 과학기술의 발전으로 가사 노동 자체가 옛날보다 수
월해졌다는 데에는 저도 동의합니다. 매일매일 빨래 통에 쌓이

는 빨랫감을 보다 보면 세탁기를 만든 발명가에게 절이라도 하고 싶은 심정이니까요. 그런데 정말 옛날에 비해 주부의 일이 줄어든 것이 맞을까요?

『과학기술과 가사노동』이라는 책의 저자 루스 코완은 아니라고 말합니다. 코완도 과학기술의 발전이 주부가 가사 노동에 들이는 노동력, 즉 물리적 힘의 크기를 줄여 주었다는 점에서는 동의합니다. 하지만 그렇다고 주부가 가사 노동에 들이는 시간과 정신노동의 강도까지 줄어든 것은 아니라고 말합니다. 오히려 과학기술의 발전이 주부에게 가사 노동의 책임을 더 무겁게 얹어 주었다고 주장하지요.

과학기술이 주부를 힘들게 한다?

코완의 주장이 잘 이해되지 않는다고요? 그럼 세탁기를 예로 들어 설명해 볼게요. 세탁기가 없던 시절, 식구가 여럿인 집에서 주부 혼자 손으로 모든 빨래를 하는 것은 무척 힘든 일이었습니다. 그러나 당시에는 빨래가 쉬운 일이 아니라는 사실을 누구나 알고 있었기에 옷을 자주 갈아입지 않았고, 작은 얼룩 정도라면 특별히 더럽다고 생각하지 않았습니다.

그러다가 1851년 미국의 제임스 킹이 현대식 세탁기를 발명하면서 변화가 일어나기 시작했습니다. 커다란 원형 드럼통에 빨래와 세제를 집어넣고 흔들어 주는 수준이었던 초기 세탁기는 이제 버튼 하나만 누르면 물 받기, 빨래하기, 탈수하기가 한 번에 해결되는 전자동 세탁기로 발전했습니다.

그래서 주부가 빨래에서 해방되었을까요? 여러분도 알다시피 아닙니다. 빨래 자체에 드는 노동력은 줄어들었지만 빨래를 이전보다 더 자주 하게 되었거든요. 게다가 빨래는 세탁기가 하더라도 젖은 옷을 말리고, 다림질하고, 개어서 옷장에 넣는 일은 여전히 사람이 해야 합니다. 힘든 일이 줄어든 대신 자질구레한 일은 훨씬 늘어난 것입니다. 빨래에 대한 기준도 높아졌습니다. 이제 사람들은 옷에 작은 얼룩만 묻어 있어도 더럽다고 생각하게 되었습니다. 훈이의 누나처럼 말이에요.

세탁기, 청소기, 식기세척기 등 기계의 발명으로 가사 노동이 한 사람의 힘만으로도 충분히 해낼 수 있는 일이 되면서, 그 부담이 고스란히 주부, 특히 여성에게 떠넘겨졌다는 게 코완의 주장입니다. 예전에는 모든 가족 구성원이 나누어서 했던 집안일을 한 사람이 도맡아서 하게 되었다는 것이지요.

과거에도 집안일은 주로 여자의 몫이었지만 남자도 분명히 자기 역할이 있었습니다. 예를 들어 청소를 할 때 무거운 카펫의 먼지를 털고 외양간이나 헛간을 닦는 것은 남자의 몫이었습니다. 사극에서도 안방과 건넌방은 언년이가 걸레질을 하지만, 마당과 대문간은 마당쇠가 비질을 하지요. 요리를 할 때도 그랬습니다. 밥을 하고 국을 끓이는 일은 여자가 했지만, 식재료를 장만하는 일은 남자의 몫이었습니다. 남자가 밀을 가꾸면 여자는 빵을 만들고, 남자가 고기를 잡아 오면 여자는 그 고기를 요리하는 식으로 말이지요.

그러나 지금은 어떤가요? 카펫은 굳이 들어서 털지 않아도 청소기로 먼지를 빨아들이면 되고, 식재료는 직접 장만하는 것이 아니라 슈퍼마켓에서 사 오면 됩니다. 그러다 보니 온갖 가사 노동을 주부가 떠맡게 되었습니다. 과학기술의 발전으로 가사 노동에서 해방된 사람은 주부가 아니라 주부를 제외한 나머지 식

현대적인 부엌의 모습. 과학기술 덕분에 가사와 관련된 각종 도구들이 발달하고 있으나, 그것이 우리를 진정으로 편하게 해 주었는지는 의문이다.

구들이라고 해도 틀린 말은 아닐 거예요.

이 문제는 얼핏 과학기술과 주부의 문제로 비춰지지만 좀 더 깊이 들어가 보면 과학기술의 발달이 과연 인간을 더 행복하게 하느냐의 문제로 연결됩니다.

편리함이 행복을 가져오지는 않는다

과학기술의 발전이 가사 노동을 포함해 모든 육체노동의 강도를 줄여 준 것은 분명한 사실입니다. 직접 발로 수차를 밟아 물을 퍼 올리던 노동은 양수기가 대신해 주고, 베틀로 한 올 한 올 옷감을 짜던 수고는 방직기가 대신해 주는 편한 사회가 되었지요. 그런데 그 편함이 반드시 행복으로 연결되는 것은 아닙니다. 기계가 도입되어 대량생산이 이뤄지자 소규모 가내수공업자들이 몰락하고 많은 노동자가 일터에서 쫓겨났습니다. 그래서 19세기 초, 영국에서는 노동자들이 기계를 파괴하는 '러다이트 운동'이 일어나기도 했습니다.

흔히 우리는 새로운 기계가 발명되어 기존에 인간이 하던 일을 대신하게 되는 것을 진보라고 생각합니다. 여러분도 하기 싫은 일을 로봇이 대신해 주면 얼마나 좋을까 한 번쯤 생각해 보았을 거예요. 그렇게 되면 우리는 정말로 행복할까요? 물론 그럴 수도 있습니다. 힘들게 일하는 대신 여유 시간을 즐길 수 있을지도 모르지요. 하지만 기계가 대신하게 된 그 일을 하던 사람은 순식간에 실업자 대열에 합류하게 될 겁니다.

인공지능의 등장도 마찬가지입니다. 최근 다양한 인공지능이 개발되었고, 실제로 많은 사람이 인공지능을 활용해 업무의 효율성을 높이고 있습니다. 확실히 편리해지긴 했지만 그만큼 불안한 것도 사실입니다. 절대 기계에게 내줄 일이 없을 것 같았던 창의적인 작업 또한 인공지능이 무리 없이 해내는 모습을 보면 말입니다. 이제 인간의 가치를 어디서 찾아야 하나, 실존적인 물음마저 생겨나기 시작했죠.

기술의 발전은 분명 편리함을 가져옵니다. 우리는 지금 두꺼운 책을 뒤적이지 않아도 원하는 자료를 쉽게 찾을 수 있고, 영어 사전을 일일이 찾아보지 않아도 번역을 할 수 있고, 그림 실력이 없어도 누구나 그림을 그릴 수 있는 시대에 살고 있습니다. 그러나 이러한 시대에는 사람에게 요구하는 기준 또한 함께 올라갈 가능성이 높습니다. 빠르게 변화하는 시대에 적응하지 못하고 소외되는 사람이 분명 또 생겨날 테지요. 기술의 발전이 무의미하다는 얘기를 하는 것이 아닙니다. 편리함을 추구하면서도, 더 많은 사람이 행복하게 살 수 있는 길을 모색해야 한다는 거지요. 기술의 발전과 행복, 이 둘 사이의 균형을 어떻게 하면 잘 맞출 수 있을까요?

유기농법에 숨은 비밀

20시 11분 유기농 식품으로 저녁을 먹다

"밥 먹자. 어서들 나와!"

아빠가 외쳤다. 오늘은 엄마보다 요리를 잘하는 아빠가 저녁을 차리는 날이라 훈이는 잔뜩 기대를 하고 나갔다. 그런데 식탁에 앉자마자 훈이의 표정이 일그러졌다. 저녁 밥상이 온통 풀밭이었기 때문이다. 잡곡밥, 두부를 넣은 된장찌개, 시금치무침, 무생채, 호박전, 김치.

"아빠, 나 미워하지?"

"그게 무슨 소리야? 널 사랑하니까 밥도 차린 거 아냐."

"고기가 하나도 없잖아."

그때 누나가 호박전을 입에 가져가며 말했다.

"이게 다 얼마나 맛있는 것들인데. 아빠가 힘들게 차려 준 밥상에 토 달면 안 되지."

훈이는 갑자기 착한 딸이 된 듯한 누나의 행동에 어이가 없었다. 아침 식사 때와 상황이 완전히 역전된 것이다.

아빠는 누나의 지원에 힘입어 자신만만한 태도로 말했다.

"진이가 말 잘했다. 이게 다 영양분도 골고루 든 데다가 살도 안 찌는 웰빙 식품이잖아. 게다가 유기농이라서 고기보다 비싸다고."

엄마도 옆에서 거들었다.

"정 먹기 싫으면 굶든가."

하는 수 없이 훈이는 억지로 밥을 먹기 시작했다. 누나가 훈이에게 혀를 메롱 내밀었다.

'유기농이 그렇게 대단한가. 내가 안 굶어 죽으려고 먹는다, 칫!'

질소가 농작물을 키운다

　대형 마트의 '유기농 코너'에 놓인 과일이나 채소는 일반 코너의 같은 제품에 비해 가격이 훨씬 비쌉니다. 때깔이 더 좋거나 크기가 더 큰 것도 아닌데 말이지요. 그리고 보면 유기농이란

말은 식품의 가격을 업그레이드하는 단어처럼 보입니다. 과일과 채소 외에도 우유, 치즈, 밀가루, 설탕, 과자 등 모두 유기농이라는 이름표만 붙으면 가격이 뛰니까요. 도대체 유기농이 무엇이기에 이런 위력을 발휘하는 것일까요?

유기농 식품의 뜻을 풀어 쓰면 '유기농업으로 키워진 작물을 원료로 하여 만든 식품'입니다. 여기서 유기농업이란 '화학비료, 합성 농약, 생장 조정제, 제초제, 가축 사료 첨가제 등 합성 화학 물질을 전혀 사용하지 않고 오로지 자연에서 나는 유기물과 자연 광석, 미생물과 천적 생물 등을 이용해 농사를 짓는 것을 말합니다. 좀 더 쉽게 얘기하면 인공적인 것은 쓰지 않고, 오로지 자연적인 것만 이용하는 농사가 유기농업 그리고 이렇게 해서 생산된 농작물이 유기 농산물입니다.

몇 년 전부터 웰빙에 대한 관심이 높아지면서 유기농에 대한 관심도 높아지고 있습니다. 국립농산물품질관리원은 농산물의 품질을 검사해 인증 마크를 붙여 주는 제도를 실시하고 있는데, 인증 마크를 받기 위해서는 관리원이 정해 놓은 기준을 통과해야 하지요. 유기 농산물은 3년 이상 합성 농약과 화학비료를 전혀 사용하지 않은 농산물을 말합니다. 무농약 농산물은 합성 농약을 전혀 사용하지 않고, 화학비료는 권장량의 3분의 1 이하로 사용한 농산물을 말합니다. 또 유기 축산물은 유기 농산물의 재

국립농산물품질관리원의 인증 마크		
유기 농산물	무농약 농산물	유기 축산물
유기농산물 (ORGANIC) 농림축산식품부	무농약 (NON PESTICIDE) 농림축산식품부	유기축산물 (ORGANIC) 농림축산식품부

배 및 생산 기준에 맞게 생산된 유기 사료를 먹여 키운 축산물을 말합니다.

유기농업이란 순환되는 자연의 원리를 그대로 이용하는 농법이라고도 표현할 수 있습니다. 식물은 태양으로부터 에너지를 얻어 광합성을 하고, 땅으로부터 물과 질소, 인, 철분 등 여러 가지 무기물질을 빨아들여 살아갑니다. 이 과정을 통해 식물이 만들어 낸 탄수화물과 단백질은 식물의 몸체를 형성하고, 동물은 이 식물을 먹어 에너지를 얻습니다. 동물의 배설물이나 사체 속에 남은 유기물은 미생물의 분해 작용을 거쳐 흙으로 돌아가고 다시 식물로 흡수됩니다. 이렇게 자연은 스스로 만든 것을 나눠 가지며, 다시 원래대로 되돌려 주는 방식을 통해 오래도록 균형을 이뤄 왔습니다. 그리고 이러한 자연의 순환에서 큰 역할을 하는 것이 질소입니다.

자연의 원리를 보여 주는 질소의 순환

농부들은 땅이 비옥해야 농사가 잘된다고 합니다. 이때 땅이 비옥하다는 것은 땅속에 식물의 성장에 도움이 되는 여러 가지 물질이 풍부하다는 뜻인데, 그중에서도 질소의 양이 특히 중요합니다.

질소^{N}는 지구상의 생명체가 단백질과 DNA를 만드는 데 쓰이는 매우 중요한 물질입니다. 물론 질소만 중요한 건 아닙니다. 생명체는 기본적으로 탄소^C, 산소^O, 수소^H, 질소로 이루어져 있으니까요. 그런데 질소를 제외한 나머지 물질은 물^{H_2O}과 이산화탄소^{CO_2}에서도 얻을 수 있지만 질소는 땅을 통해서만 얻을 수 있습니다. 문제는 토양 속 질소 성분이 대개는 충분치 못하다는 것입니다.

사실 질소는 지구상에서 가장 흔한 원소 중 하나입니다. 공기의 약 78퍼센트가 질소일 정도이니까요. 그런데도 질소가 부족하다니 참 아이러니한 일이지요? 이런 모순이 일어나는 이유는 대부분의 식물이 공기 중의 질소를 이용하지 못하기 때문입니다. 한마디로 그림 속의 떡인 셈입니다.

식물이 이용할 수 있는 질소는 질산이온$^{NO_3^-}$, 아질산이온$^{NO_2^-}$, 암모늄이온$^{NH_4^+}$ 같은 형태로 존재합니다. 물론 흙 속의 질산이온, 아질산이온, 암모늄이온은 모두 공기 중의 질소에서 온 것입니다. 이렇게 대기 중의 질소가 식물이 이용할 수 있는 형태로 바뀌는 과정을 '질소고정'이라 하는데, 보통 두 가지 경로를 통해 일어납니다.

하나는 번개에 의한 것입니다. 번갯불에서 발생하는 엄청난 에너지가 대기 중의 질소를 질산이온으로 바꿔 주는 것이지요. 이 질산이온은 번개의 동반자인 비를 타고 땅으로 내려옵니다. 이렇게 땅속으로 스며드는 질소의 양은 전체 질소고정량의 5~8퍼센트 정도라고 합니다. 전체 생명체가 필요한 양에 비하면 한참 부족하지요.

질소고정 분야의 으뜸 공신은 세균입니다. 세균 중에는 공기 중의 질소를 질산이온이나 암모늄이온으로 뚝딱 바꿔 놓는 질소고정 세균이라는 것이 있습니다. 흙에 존재하는 질소의 90퍼센트 이상이 질소고정 세균 덕에 만들어진 것입니다. 질소고정 세균은 흙 속에서 사는 것과 식물의 뿌리에 붙어사는 것으로 나뉩니다. 그중에서 1888년 네덜란드의 미생물학자 바이에링크가 발견한 뿌리혹박테리아는 콩과 식물의 뿌리에 기생해 대기 중의 질소를 고정하는 데 큰 몫을 합니다.

1만 년 전 농경이 시작된 이후, 농부들의 가장 큰 과제는 질소를 어떻게 땅속에 넣어 주느냐였습니다. 한곳에서 계속 농사를 지으면 식물이 땅속의 질소를 모두 빨아들여 이듬해나 그다음

해에는 농사가 잘되지 않습니다. 그래서 농부들은 농사를 짓다가 생산량이 적어지면 다른 곳으로 농지를 옮기곤 했습니다. 아직 인구에 비해 남아 도는 땅이 많아서 가능했던 방식이었지요. 하지만 사람들이 늘어나고 땅에 말뚝을 박아 내 땅이니 네 땅이니 소유권을 주장하기 시작하면서, 그런 식으로 농사를 짓는 것은 불가능해졌습니다.

농부들은 농지를 몇 등분으로 나누고, 서로 다른 작물을 돌아가며 심었습니다. 다시 말해 같은 작물을 한곳에 연이어 심지 않았다는 뜻입니다. 그리고 그중 한 군데는 1~2년 정도 농사를 짓지 않고 쉬게 두었습니다. 그러고 나면 땅이 기운을 회복한다는 걸 경험으로 알았거든요. 나중에는 이러한 휴경지에 콩과 식물을 심어 회복을 돕기도 했습니다. 앞서 말했던 것처럼 콩과 식물의 뿌리에는 질소를 고정하는 뿌리혹박테리아가 살고 있으니까요. 게다가 가축의 분뇨와 짚단을 거름으로 쓰면 농사가 잘된다는 사실도 알게 되었지요.

오랫동안 인류의 농업은 이런 방식으로 이루어졌습니다. 농약이니 화학비료니 하는 것이 전혀 없었기 때문에 모든 농업이 유기농업이었고 모든 농산물이 유기 농산물이었습니다.

그런데 과학의 발전으로 더욱 쉽게 그리고 대량으로 질소를 고정하는 방법을 찾아내게 됩니다.

농업과학의 빛과 그림자

20세기 초, 독일의 화학자 프리츠 하버가 질소와 수소를 이용해 암모니아를 인공적으로 합성하는 방법을 알아냈습니다. 이렇게 만든 암모니아는 곧 화학비료로 개발되었습니다. 냄새도 나고 다루기도 번거로운 퇴비에 비해 화학비료는 깔끔하고 간편할 뿐 아니라 값도 쌌습니다. 전통적인 거름과 퇴비는 순식간에 밀려나고, 화학비료가 그 자리를 차지했습니다. 또한 잡초를 죽이는 제초제와 벌레를 죽이는 살충제까지 잇따라 개발되어 농부들의 수고를 덜어 주었습니다. 자연적인 순환에 의해 돌아가던 농업이 이제 인간이 만든 화학물질로 뒤범벅되기 시작한 것입니다.

처음에는 좋았습니다. 화학비료와 농약을 사용하자 땅이 비옥해지고 잡초와 해충이 사라졌습니다. 당연히 농업 생산량은 크게 늘었지요. 이대로만 가면 이제 인류에게 식량이 부족한 일은 없을 거라는 희망도 생겨났습니다.

하지만 그사이에 땅은 물론이고 자연과 사람까지 병들어 갔습니다. 이 사실을 깨닫게 해 준 것이 1962년에 출간된 레이첼 카슨의 책『침묵의 봄』입니다. 카슨은 이 책을 통해 살충제가 생태계 구성원 전체를 해칠 수 있는 독이라고 주장했습니다. 그리고 카슨의 경고가 단순한 호들갑이 아니었다는 걸 증명해 주는 사건들이 뒤이어 일어났습니다. 그렇게 화학으로 이뤄 낸 현대 농업의 신화는 깨지고 말았습니다. 최근에는 오히려 전통적인 농업 방식을 고수하는 사람들이 늘고 있습니다. 화학물질투성이인 현대식 농업에 맞서는 것이지요.

레이첼 카슨의 책 『침묵의 봄』은 환경 운동이 본격적으로 시작되는 계기가 되었다.

20세기 초 사람들은 '인공적 = 좋은 것', '화학제품 = 최첨단의 훌륭한 물질'이라고 여겼습니다. 그런데 이제는 인공적으로 합성된 것은 몸에 나쁘고 자연적으로 만들어진 천연 재료가 몸에 좋다는 또 다른 고정관념이 생겨났습니다. 그래서 훈이네 집처럼 유기농 식품을 식탁에 올리는 사람들이 점점 더 많아지고 있지요. 천연에서 인공으로, 인공에서 다시 천연으로 세대에 따라 입맛이 변하듯, 사람들의 선호도도 유행처럼 바뀝니다. 이런 흐름 속에서 우리가 가져야 할 자세는 한쪽만을 지나치게 맹신하는 것이 아니라, 어느 쪽이 정말로 안전한지 더 꼼꼼하고 세심하게 따져보는 자세가 아닐까요?

특명! 석유를 사수하라

18

20시 41분 짠돌이 아빠의 잔소리 폭격을 맞다

저녁을 먹은 훈이는 샤워를 하러 욕실로 들어갔다. 밖이 추우니 욕실에도 서늘한 기운이 감돌았다. 훈이는 얼른 온수를 틀었다. 샤워기에서 따뜻한 물이 쏟아지며 욕실에 하얀 김이 서렸다.

샤워를 한창 하고 있는데 아빠의 목소리가 들려왔다.

"훈아, 아빠가 비누칠할 때는 온수 잠그라고 했지? 그렇게 낭비되는 물이 얼마나 많은지 아니?"

또 시작이다. 그깟 수도 요금이 얼마나 나온다고 저렇게 닦달인지 모르겠다. 샤워 중간에 물을 잠그기는 싫었다. 여름이라면 또 모르겠지만 지금 같은 계절에는 더더욱.

'아빠는 아들이 추운 것보다 수도 요금이 더 걱정되나 봐. 난방만 해도 그래. 다른 집에 가 보면 집 안에서 반팔 티셔츠 입고 돌아다녀도 될 만큼 따뜻하던데 우리 집은 항상 20도에 고정이잖아. 이러니 집 안에서도 반팔 티셔츠는 커녕 내복까지 챙겨 입어야 할 판이지.'

샤워를 끝내고 나오니 텔레비전을 보던 아빠가 말했다.

"너 또 아빠 말 안 듣고 온수 계속 틀어 놨지? 아빠가 어릴 때는 물 한 방울도 아껴 썼는데."

엄마도 거들었다.

"훈이 쟤는 물 귀한 줄 모른다니까."

엄마 아빠는 정말 천생연분인 것 같았다.

"아들이 추워 죽겠다는데 엄마 아빠는 수도 요금이 더 중요하다는 거야?"

"말 안 듣는 청개구리 아들내미를 아껴서 뭐에 쓰려고? 근데 너 학원 모의고사 성적표 나올 때 되지 않았니?'

"어, 그건…… 며칠 더 있다가 나오나 봐. 엄마, 과일 없어?"

당황한 훈이는 괜히 냉장고 안을 기웃거렸다. 그때 또 아빠의 한마디.

"냉장고 문 오래 열어 놓지 마라. 전기 아껴야지."

화석연료 시대를 살아가는 법

한겨울에도 반팔 티셔츠만 입고 지낼 수 있을 정도로 따뜻한 집, 뜨거운 물이 펑펑 나오는 욕실, 전등불이 환하게 켜진 건물. 오늘날 흔히 볼 수 있는 풍경입니다. 우리는 스위치만 켜면 공

급되는 전기와 가스, 온수를 맘껏 누리며 살아가지요. 하지만 그 뒤에 인류를 파멸로 몰아갈 무서운 위험이 도사리고 있다는 사실을 알고 있나요?

화석연료에 기댄 현대사회

현대사회는 석탄, 석유 같은 화석연료에 의해 움직이고 있다고 해도 과언이 아닙니다. 화석연료는 오래된 지층에서 발견되는 공룡이나 암모나이트 화석처럼 특정 지질시대에 살던 생물이 땅속에 묻혀 굳어진 것을 말합니다.

여러 화석연료 중 먼저 주목받은 것은 석탄입니다. 석탄은 3억 4,500만 년에서 2억 8,000만 년 전인 석탄기에 살던 식물이 변해 만들어졌습니다. 지금은 나무가 죽으면 곤충이나 세균에 의해 금방 썩지만, 석탄기에는 나무의 질긴 목질을 갉아먹을 곤충이나 세균이 거의 없었기에 죽은 나무는 빨리 분해되지 않았습니다. 이렇게 쌓인 나무들이 지각변동으로 땅속 깊은 곳에 묻히게 되었고, 산소가 차단된 곳에서 높은 압력과 지열을 받아 '불붙는 검은 돌'로 바뀌게 된 것입니다. 오랜 세월 땅속에 묻혀 있던 이 검은 돌이 '황금 돌'이 된 것은 18세기 산업혁명이 시작된 이후, 좀 더 구체적으로는 1769년 제임스 와트가 석탄을 원료로 하는 증기기관을 발명한 이후였습니다.

석유는 이보다 조금 늦게 각광받기 시작했습니다. 사실 석유가 처음 발견된 것은 수천 년 전이지만 본격적으로 쓰인 것은 19세기 후반에 들어서입니다. 그리고 20세기 들어 석유의 사용량은 기하급수적으로 늘어났습니다.

석유가 어떻게 형성되었는지는 설이 분분하지만, 대체로 오래전에 바다에 살던 미생물이나 작은 생물의 퇴적물이 압력과 지열의 영향을 받고, 여기에 바나듐, 니켈, 몰리브덴 등의 원소가 촉매작용을 해서 생성되었다고 여겨집니다.

우리는 석유 하면 주로 자동차의 연료를 떠올립니다. 하지만 현대사회에서 석유는 안 쓰이는 곳을 찾기가 어려울 정도로 다양하게 사용되고 있습니다. 처음 유전에서 뽑아 올린 석유를 원유라고 하는데 원유에서 분리한 엘피지LPG, 휘발유, 제트연료, 등유, 경유, 중유 등은 각종 운송 수단과 공장, 가정의 연료로 쓰입니다. 화력발전소의 원료로 사용되어 전기를 공급해 주기도 합니다.

이런 연료용 물질을 분리한 뒤에 남는 찌꺼기도 쓸모가 많습니다. 플라스틱과 비닐류, 합성섬유, 합성고무, 페인트, 합성세제, 계면활성제, 염료, 비료, 공업약품, 농업 약품, 의약품, 샴푸 등 지금 우리의 생활을 편리하게 해 주는 많은 제품이 석유를 이용해 만든 것이지요.

그런데 지금처럼 석유에 의존하는 삶은 큰 문제를 안고 있습니다. 그건 바로 석유 공급에 차질이 생겼을 때 그대로 무너질 것이라는 점이지요.

만약 석유가 없다면 어떤 일이 일어날까요? 먼저 훈이의 옷장에 든 옷 중 절반이 사라질 것입니다. 집 안의 모든 가전제품에서 플라스틱 부분이 없어져 흉물스러워질 것이고요. 비닐봉지에 물건을 담을 수도 없고, 벽에 페인트칠을 할 수도 없을 테지요. 승용차와 버스가 멈추는 것은 물론이고, 난방도 하기 힘들어질 것입니다. 화력발전소가 돌아가지 않을 테니 전기 공급도 원활하지 않을 것이고, 비누와 세제가 없으니 목욕이나 빨래를 하기도 어려워질 겁니다. 약국에서 구할 수 있는 약품의 종류도 현저히 줄어들 테고, 공장의 기계는 더 이상 돌아가지 않겠지요.

2021년, 우리나라의 일일 석유 소비량은 257만 배럴, 즉 4억 837만 3,000리터였습니다. 1.5리터짜리 페트병 2억 7,222만 8,667개의 양으로, 100퍼센트 수입한 것이지요. 이는 세계에서 여덟 번째로 많은 양이며, 세계 10위인 경제 규모나 29위인 인구 규모를 감안하면 우리가 얼마나 많은 석유를 소비하고 있는지 알 수 있습니다.

석유의 낭비에는 크게 두 가지 문제가 있습니다. 첫 번째 문제는 앞서 말했던 대로 석유가 고갈될 수 있다는 것입니다. 석

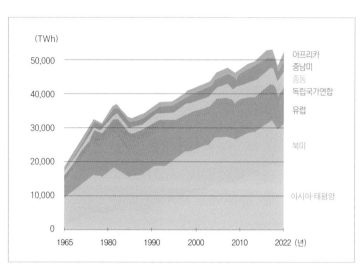

(TWh)

50,000 — 아프리카
중남미
40,000 — 중동
독립국가연합
30,000 — 유럽

20,000 — 북미

10,000 — 아시아·태평양

0

1965   1980   1990   2000   2010   2022 (년)

세계 지역별 석유 소비량 추이. 화석연료의 다양한 문제점에도 불구하고 석유 소비량은 계속 증가하고 있다.

유의 매장량에는 한계가 있고, 새로 만들어지는 석유의 양은 아주 미미합니다. 그런데 우리는 미래를 생각하지 않고 석유를 펑펑 쓰고 있습니다. 돈을 벌지도 않으면서 쓰기만 하면 어떻게 될까요?

두 번째 문제는 석유가 연소할 때 유해한 부산물이 나온다는 것입니다. 그 부산물 중 하나가 이산화탄소입니다. 이산화탄소는 앞서 4장에서 살펴보았듯이 지구온난화를 가속화하는 기체입니다.

또 다른 부산물인 질소산화물, 탄화수소, 일산화탄소, 황산화물 역시 인간에게 해를 끼칩니다. 질소산화물과 탄화수소는 안개와 합쳐져 뿌연 스모그를 만들어 냅니다. 일산화탄소는 몸속의 헤모글로빈과 결합해 사람을 질식 상태에 빠지게 하고요. 황산화물과 질소산화물은 산성비를 만들어 대기뿐 아니라 숲과 토양을 오염시킵니다. 석유를 사용하면 사용할수록 우리 숨통을 조이는 독가스를 더욱 많이 만들어 내는 셈입니다.

이제 인류는 에너지 문제에 대한 결단을 내려야 할 시점에 와 있습니다. 최근 각국이 앞다투어 친환경 사업을 벌이고, 탄소 중립 정책을 내놓는 것은 에너지 고갈과 환경 파괴라는 두 가지 문제를 더는 내버려 둘 수 없다는 걸 깨달았기 때문입니다. 그럼 과연 어떻게 해야 할까요?

우리가 할 수 있는 일

화석연료의 사용에 따른 에너지 고갈과 환경 파괴 문제를 해결하기 위한 방법 역시 두 가지입니다. 첫 번째는 보다 근본적인 해결책으로, 고갈될 염려가 없으면서도 환경을 오염시키지 않는 에너지, 바로 재생에너지를 개발하는 것입니다. 하지만 5장에서도 이미 이야기했듯이 아직 재생에너지는 개발 과정에 어려움이 있고 보급률도 높지 않습니다. 전 세계 과학자들이 노력하고 있지만 생각보다 더 오랜 시간이 걸릴지도 모릅니다.

오스트레일리아 멜버른의 공유 자전거. 많은 나라에서 친환경 교통수단인 자전거 이용을 장려하기 위해 공유 자전거 서비스를 운영하고 있다.

두 번째 방법은 에너지를 아껴 쓰는 것입니다. 비록 근본적인 해결책은 아니지만 지금 당장 실천할 수 있는 방법이지요. 아껴 쓰고, 나눠 쓰고, 바꿔 쓰고, 다시 쓰는 아나바다 운동, 점심시간에 컴퓨터와 전등 끄기, 절전 기능 제품 사용하기, 차량 요일제와 10부제, 대중교통 이용하기 등이 모두 여기에 속합니다.

현재 많은 나라에서 석유 소비량을 줄이려고 애쓰고 있지만, 실제로 석유 소비량은 해마다 늘고 있습니다. 이런 식으로 석유를 소비하다가는 머지않은 미래에 석유를 기반으로 세워진 현대사회가 모래성처럼 폭삭 주저앉을 것입니다.

그렇다고 우리가 재생에너지를 개발할 수는 없습니다. 그 일은 전문가인 과학자들에게 맡겨야지요. 대신 우리는 에너지를 절약함으로써 과학자들에게 시간을 벌어 줄 수 있습니다. 샤워 시간을 줄이고, 사용하지 않는 형광등을 끄고, 난방이나 냉방을 지나치게 세게 하지 않는 것으로 말이지요. 가까운 거리는 걷거나 자전거를 타고, 자가용보다는 대중교통을 이용하며, 일회용 비닐봉지 대신 장바구니를 사용하고, 쓰지 않는 전자 제품의 플러그를 뽑아 두는 등 모두 어렵지 않게 실천할 수 있는 일들입니다.

이런 생활을 실천하다 보면 우리가 얼마나 많은 것을 낭비하면서 살아왔는지 알 수 있습니다. 과학기술을 통해 편리한 물건을 만들어 내는 것은 과학자의 몫이지만, 그 물건을 지혜롭게 사용하는 것은 우리의 몫입니다. 과학기술 시대를 살아가는 현명한 소비자가 되는 일, 지금부터라도 실천해 보면 어떨까요?

백신을 의심하다

19

21시 5분 불주사에 관해 듣다

아빠와 함께 소파에 앉아 텔레비전을 보던 훈이는 아빠의 위 팔에 난 작은 흉터를 보고 궁금증이 일었다.

"아빠, 이 흉터는 뭐야?"

"이거 아빠 어렸을 때 맞은 불주사 자국이야."

"불주사가 뭔데?"

"결핵에 걸리지 말라고 맞는 예방 주사지. 정확한 이름이 뭐더라? 여보, 불주사를 뭐라고 하지?"

아빠가 식탁에 앉아 서류를 보고 있던 엄마에게 물었다.

"BCG 예방접종이잖아."

"그래 맞아, BCG 예방접종. 훈이 너도 아기 때 맞았어."

"나도 맞았다고?"

"그럼! 여기 있잖아."

아빠는 훈이의 왼팔에 있는 옅은 자국을 가리켰다. 아빠랑 모양은 좀 달랐지만 분명 자국이 있었다.

"아, 이게 그거였구나. 근데 왜 불주사라고 해?"

"옛날에는 일회용 주사기가 없어서 주삿바늘을 불로 소독해서 다시 썼대. 그래서 불주사라는 별명이 붙은 거지."

훈이는 시뻘겋게 달궈진 주삿바늘을 떠올리며 몸서리를 쳤다.

"으악, 상상하기도 싫어! 그냥 주사도 싫은데, 불주사라니!"

"하하하! 그러니까 옛날에 태어나지 않을 걸 감사하게 생각해. 그리고 주사 맞기 싫으면 평소에 건강을 잘 챙겨야 하는 거야. 골고루 먹고, 운동도 열심히 하고 말이야."

"윽, 또 잔소리!"

백신의 효능과 부작용 사이

예방접종 하니 어릴 적 생각이 납니다. 아프지도 않은데 왜 일
부러 병원까지 가서 주사를 맞아야 하는지 정말 이해가 되지 않
았지요. 엄마는 예방주사를 맞아야 병에 안 걸린다고 말씀하셨
지만, 저는 병에 걸리든 말든 일단 눈앞의 주삿바늘이 더 무서웠

답니다. 그럼 이번에는 예방접종에 대해서 이야기를 좀 해 볼까요?

전염병이 유행할 때마다 사람들의 입에 자주 오르내리는 단어가 있습니다. 바로 '백신'입니다. 사스, 메르스, 신종 플루 그리고 2020년 발생해 전 세계를 거대한 공포 속에 몰아넣었던 코로나19까지, 모두 바이러스에 의해 쉽고 빠르게 전파되는 전염병입니다. 그리고 백신을 통한 예방 정책이 아주 중요한 질병이기도 하지요.

전염병의 진행 상황에 따라 백신에 대한 사람들의 반응도 달라집니다. 질병 발생 초기에는 사람들이 극심한 공포에 시달리며 하루빨리 백신을 도입해야 한다고 입을 모읍니다. 백신을 누가 먼저 맞을 건지에 대해서도 열띤 토론을 벌이지요. 그러다가 정작 백신 접종이 시작되면 접종을 꺼리는 사람이 생겨납니다. 백신 부작용에 대한 불안감 때문입니다.

2010년 우리나라의 신종 플루 백신 접종률은 신청자의 60퍼센트밖에 되지 않았습니다. 결국 대량으로 남은 백신 때문에 당국은 골머리를 앓았지요. 2021년 시작된 코로나19 백신의 경우 전체 인구 대비 87퍼센트였던 접종률이 2차, 3차, 4차를 거치면서 현저히 낮아졌습니다.

코로나19 팬데믹을 거치면서 영유아 백신 접종에 대한 신뢰도가 전 세계적으로 크게 떨어졌다는 연구 결과가 나오기도 했습니다. 유엔아동기금의 '2023년 세계 어린이 백신 접종 현황' 보고서에 따르면 '어린이에게 백신이 중요하다'고 인식하는 인구 비율이 조사 대상 55개국 가운데 52개국에서 내려갔다고 합니다. 특히 우리나라의 하락 폭이 가장 컸습니다. 지난 한 세기 동안 인류를 질병으로부터 보호하는 데 결정적인 역할을 해 온 백신이 어쩌다 이런 푸대접을 받게 되었을까요?

백신, 맞을 것인가 말 것인가

백신이 개발되기 전에는 해마다 수많은 사람이 전염병으로 죽었습니다. 1438년 프랑스 파리에서는 천연두의 유행으로 그해에만 5만 명이 사망했다는 기록이 남아 있습니다. 천연두는 인류 역사의 흐름을 바꿔 놓기도 했습니다. 콜럼버스가 아메리카 대륙에 첫발을 내디뎠을 때 유럽의 천연두까지 건너가는 바람에 면역력이 전혀 없었던 아메리카 원주민이 몰살되다시피 했거든요. 겨우한 세기만에 적게는 1,000만 명, 많게는 1억 명의 원주민이 천연두로 사망했다는 보고가 있을 정도입니다.

그런데 1796년 영국의 의사 제너가 흥미로운 사실을 발견했습니다. 천연두가 아무리 유행해도 전에 우두에 걸렸던 사람은 천연두에 걸리지 않는다는 것이었지요. 우두란 소에게 나타나는

제너가 천연두 백신을 맞히는 모습을 풍자한 카툰. 백신을 맞은 사람들의 몸이 소처럼 변하고 있다. 처음에 사람들은 백신의 효능을 믿지 못하고 두려워했지만 결국 백신은 보편화되었다.

감염성 질환인데, 사람에게도 감염되지만 천연두와 달리 쉽게 낫는 병이었습니다. 제너는 이 사실을 바탕으로 우두를 이용해 천연두 백신을 고안해 냈습니다. 이것이 최초의 백신입니다.

그 후 19세기에 루이 파스퇴르가 백신의 기본 원리를 알아냈습니다. 우리 몸에 병원균이 들어오면 우리 몸은 항체라는 것을 만들어 병원균과 싸웁니다. 백신은 우리 몸이 미리 항체를 만들 수 있도록 면역계를 자극하는 물질을 넣어 주는 것입니다. 이렇게 하면 나중에 진짜 병원균이 들어왔을 때 쉽게 물리칠 수 있거든요. 백신은 주로 약화된 미생물이나 미생물의 사체, 미생물이 만드는 독소나 특이한 단백질 등으로 만듭니다. 종류는 달라도 항체가 미리 형성되게 한다는 기본 원리는 같습니다.

엄청난 위력을 떨치던 천연두도 백신 앞에서는 속수무책이었습니다. 제너가 천연두 백신을 만든 뒤 200년 만에 천연두는 지구상에서 자취를 감췄습니다. 1980년 세계보건기구WHO는 천연두의 종식을 공식적으로 선언했지요. 천연두뿐만이 아닙니다. 다른 전염병의 백신도 속속 개발되어 결핵, 홍역, 풍진, 수두, 볼거리, 파상풍, 디프테리아, 백일해 등 많은 전염병의 발병률이 급격히 줄었습니다.

그런데 요즘 백신을 거부하는 사람이 조금씩 늘어나고 있습니다. 이들이 백신을 거부하는 이유는 한 가지입니다. 백신 그 자체가 위험하다는 것입니다. 어떤 종류의 백신이든 극히 드물긴 하지만 부작용이 일어날 수 있습니다. 대개는 열 또는 두드러기가 나거나 주사를 맞은 부위가 부어오르는 정도에서 그치지만 간혹 길랑-바레 증후군이나 급성 알레르기성 쇼크처럼 치명적인 부작용이 나타날 수도 있습니다. 현재 시중에 나와 있는 백신 중에 부작용이 전혀 없고, 100퍼센트 안전한 백신은 없습니다. 개인마다 면역체가 다르고 항원에 대한 민감도가 다르기 때문에 일어나는 어쩔 수 없는 현상입니다.

예를 들어, 먹는 약 형태인 소아마비 생백신은 240만 명당 한 명 꼴로 마비성 폴리오라는 또 다른 소아마비를 일으킵니다.

240만 명당 한 명이라면 매우 낮은 확률이지만 그 결과가 너무 엄청나기 때문에 사람들은 두려워합니다. 그 낮은 확률을 뚫고 자신이 비극의 주인공이 될 수도 있으니까요. 이러한 문제로 최근에는 생백신 사용이 금지된 나라가 많습니다. 비교적 안전한 사백신을 주사로 맞는 경우가 더 많지요.

백신의 안전성에 관한 논란은 1998년 소아과 의사 앤드루 웨이크필드의 논문에서 시작된 바가 큽니다. 이 논문은 홍역, 볼거리, 풍진을 예방하기 위해 맞는 엠엠알^{MMR} 백신이 소화기관에 이상을 일으키며, 때로 자폐증을 유발하기도 한다는 내용을 담고 있었습니다. 이 논문은 영국뿐 아니라 유럽의 백신 접종 계획을 뒤흔들어 놓을 정도로 파장이 컸으며, 이때부터 10여 년 동안 엠엠알 백신 논쟁이 이어졌습니다. 그러다 결국 2010년 1월 28일, 영국 일반의학위원회는 장장 2년 반에 걸친 심의 끝에 웨이크필드의 주장이 부정직하고 무책임하다는 결론을 내렸습니다. 그런데도 이 논문으로 인해 시작된 백신 거부 운동은 아직도 세계적으로 확산 중입니다.

어떤 전염성 질병을 퇴치하기 위해서는 전 국민의 95퍼센트가 항체를 가지고 있어야 합니다. 그러면 나머지 5퍼센트는 항체가 없어도 해당 질병에 걸리지 않지요. 이것을 집단면역이라고 합니다. 엠엠알 백신이 도입된 1988년 이후 국가적인 백신 접종 사업을 통해 영국 국민의 92퍼센트가 엠엠알 백신을 접종했습니다. 하지만 웨이크필드의 논문이 발표된 이후에는 백신을 거부하는 사람들이 늘어나면서 접종률이 65~88퍼센트로 떨어졌습니다. 이러한 현상은 프랑스와 독일에서도 나타났습니다. 이로 인해 세계보건기구에서 2007년까지 박멸될 것으로 기대했던 홍역은 오히려 발생률이 높아지고 있습니다.

흥미로운 것은 백신을 거부하는 사람은 늘어나도, 백신 자체를 모두 폐기해야 한다든가 아무도 백신을 맞지 말아야 한다고 주장하는 이는 드물다는 것입니다. 즉, 다른 사람은 계속 백신을 맞아도 상관없지만 나는 맞지 않겠다는 것이지요. 이런 심리는 어떻게 설명할 수 있을까요?

사회와 개인, 그 딜레마

인간의 이런 이중적인 면모를 『닥터 골렘』의 저자인 해리 콜린스와 트레버 핀치는 '죄수의 딜레마'와 비슷한 개념으로 설명합니다. 사회는 개인이 모여 이루어지지만, 개인과 집단의 이익은 때로 상충될 수도 있습니다. 이때 개인과 집단은 서로의 이익을 놓고 선택의 기로에 서게 됩니다.

전염병의 유행을 막기 위해서는 모두가 백신을 맞는 것이 좋습니다. 그래서 국가는 싼값에 혹은 무료로 백신을 보급하고 백신 접종 캠페인을 벌입니다. 하지만 개인은 딜레마 상황에 놓이게 됩니다. 혹시나 재수가 없어서 부작용이 생기지는 않을까 하는 걱정 때문이지요.

이럴 때 개인에게 가장 유리한 선택은 자신을 제외한 모든 사람이 백신을 맞는 것입니다. 대개의 전염병은 사람에게서 사람으로 전염되기 때문에 다른 사람이 모두 백신을 맞는다면 병에 걸릴 위험이 줄어들 뿐더러, 백신 부작용을 걱정할 필요도 없습니다.

하지만 이런 사람의 수가 늘어나면 전염병이 다시 유행할 수 있습니다. 백신의 부작용도 무섭지만 실제 그 병은 훨씬 더 무섭습니다. 뇌수막염의 경우, 백신으로 인한 길랑-바레 증후군이 나타날 확률은 100만 분의 1정도입니다. 하지만 뇌수막염에 걸리게 되면 약 10퍼센트가 사망하고, 살아남은 사람들 중에서도 약 10퍼센트는 팔다리가 마비되거나 시력 혹은 청력을 잃는 등의 후유증이 남습니다. 그런데도 사람들은 100만 분의 1이라는 확률을 더 신경 씁니다.

많은 공공 정책이나 환경 정책이 효과를 보지 못하는 것도 이렇게 집단의 이익보다는 개인의 이익을 우선시하는 인간의 특성 때문입니다. 예방접종 거부 외에 일회용품 사용, 오염 물질 방류, 쓰레기 투기 등도 이러한 맥락에서 벌어지는 일입니다.

인류의 입장에서 보면 일회용 종이컵은 당장 사라져야 할 존재입니다. 쓰레기를 만들고, 숲을 파괴하니까요. 그러나 개인적인 입장에서 보면 불편함을 없애 주는 고마운 물건입니다. 설거지를 안 해도 되고, 필요할 때 언제든 사 쓸 수 있으니까요. 사람들은 종이컵 사용 반대 운동의 취지에는 공감하지만, 현실에서는 여전히 종이컵을 사용하는 이중적인 태도를 보입니다. '나 하나쯤 사용한다고 큰 문제는 안 되겠지.'라는 이기적인 마음과 '나 하나쯤 사용하지 않는다고 뭐가 달라질까.'라고 자포자기하는 마음이 더해진 결과이지요.

그래서 싱가포르에서는 공공질서를 지키지 않는 개인에게 큰 불이익을 주는 법을 만들었습니다. 쓰레기를 길에 그냥 버렸다가는 어마어마한 벌금을 물어야 하니 사람들은 귀찮더라도 쓰레기통을 찾습니다. 물론 이것은 극단적인 방법입니다. 온건한 방법으로도 충분히 효과를 거둘 수 있습니다. 우리나라에서는 초등학교 입학 때 백신 접종 증명서를 내게 합니다. 유럽에서는 자전거도로를 조성하고 태양광 전지에 보조금을 줘서, 사람들이 습관을 친환경적으로 바꿀 수 있도록 유도하고 있습니다.

결국 핵심은 공공의 이익과 개인의 이익 사이의 거리를 최소한으로 줄이는 것입니다. 과학으로 문제를 해결하고자 할 때는 이런 점을 반드시 고려해야 합니다.

뉴스에 나온 치료제는 다 어디로 갔을까?

20

21시 30분 암에 걸린 외할아버지를 걱정하다

아빠의 잔소리를 피해 자기 방으로 도망치는 훈이의 등 뒤로 엄마의 목소리가 들렸다.

"여보, 리모컨 어디 있어? 저 뉴스 좀 크게 듣고 싶은데."

"거기 있네, 거기. 맨날 눈앞에 두고서도 못 찾는 건 뭐람?"

아빠는 말은 그렇게 하면서도 엄마를 위해 리모컨으로 텔레비전 볼륨을 높였다. 기자의 목소리가 거실을 채웠다.

"최근 암 환자가 급증하면서 암 치료에 대한 관심이 높아지고 있는 가운데, 국내 연구진이 전통적으로 사용되어 온 한약재 중 하나에서 암세포를 억제하는 물질을 찾아내 화제가 되고 있습니다. 보시는 것과 같이 이 한약재의 성분을 추출해 암세포에 투여하면 이전에 비해 암세포의 크기가 약 40퍼센트 이상 줄어드는 것을 볼 수 있습니다⋯⋯."

엄마, 아빠는 뉴스를 보며 두런두런 이야기를 나누었다.

"저거 개발되면 참 좋겠네."

"한약 성분에서 뽑아낸 거라면 자연 성분일 테니까 아무래도 부작용이 덜하겠지?"

엄마 아빠의 대화를 들으며 훈이는 한 사람이 떠올랐다. 몇 달 전에 간암 판정을 받고 수술을 받은 외할아버지였다. 수술을 마친 뒤에도 외할아버지는 항암 치료를 계속하고 있었다. 그런데 그 항암 치료라는 것이 만만치 않은 모양이었다. 훈이가 병문안을 갔던 날, 외할아버지는 부작용으로 인해 머리카락이 하나도 남지 않은 상태였고 자꾸만 구토를 했다. 훈이는 큰 충격을 받았다.

'저런 뉴스가 나와 봤자 다 무슨 소용이야. 정작 진짜 약으로 나온 적은 별로 없잖아. 과학자들은 도대체 뭘하고 있는 거야? 암 치료제 하나 제대로 개발하지 못하고. 연구는 안 하면서 뉴스에다 뻥만 치고 있는 거 아냐?'

과학 뉴스, 어디까지 믿어야 할까?

    난치병 환자와 그 가족에게 새로운 치료제에 대한 뉴스는 가뭄 끝에 내리는 단비 같은 소식입니다. 예전에 한 교수님이 어떤 질병에 효과가 있는 새로운 물질에 대해 논문을 발표했습니다. 그 논문은 뉴스에도 소개되었습니다. 그런데 뉴스가 나가자 문제가 일어났습니다. 그 병으로 고통받는 환자들의 전화가 연구실로 끊임없이 걸려 온 것입니다. 환자들은 당장 이 물질이 약으로 만들어질 수 있는지 물었고, 아직 안 된다면 기꺼이 임상 실험 대상자로 나설 것이라 말했습니다. 하지만 연구실에서 할 수 있는 말은 "기다려야 합니다."라는 것뿐이었습니다. 사람들은 실망해서 전화를 끊었고 심지어는 절망감에 화를 내기도 했습니다. 분명히 뉴스에 나오기까지 했는데 왜 사용할 수 없는지 이해하기 어려워하면서 말이지요. 이것은 뉴스에서 보도하는 내용과 실제 연구 상황의 차이, 그리고 일반 뉴스와 과학 관련 뉴스의 차이 때문에 벌어진 일이었습니다.

신약을 연구하는 과정은 매우 길고 지루한 마라톤입니다. 먼저 연구자는 어떤 질병에 대해 효과적인 물질을 여러 가지 방법을 동원해 찾습니다. 질병을 일으키는 세균이나 바이러스의 유전자를 분석해 약점을 찾기도 하고, 비슷한 다른 질병에 효과가 있는 약을 이리저리 변형해 보기도 합니다. 뾰족한 수가 없는 경우에는 기존에 존재하는 수십 또는 수백만 가지의 화학물질을 하나씩 다 주입해 보기도 합니다. 무식한 방법 같지만 의외로 효과를 거둘 때가 많아서 자주 이용되곤 하지요.

어떤 과정을 거치든 일단 효능이 있는 물질을 찾아내면 논문

으로 발표할 수 있습니다. 대개 대학 연구실에서 나오는 논문은 바로 이 단계에서 쓰인 것입니다. 이 논문을 가지고 뉴스에서는 새로운 치료 물질이 발견되었다고 보도합니다. 뉴스를 본 사람들은 신약이 나왔다고 지레짐작하기 마련입니다. 하지만 '새로운 치료 물질이 발견되었다'와 '신약이 나왔다' 사이에는 매우 큰 차이가 있습니다.

이 물질은 약이라기보다는 '약이 될 가능성이 있는 후보 물질'에 가깝습니다. 반장 선거에 출마했다고 모두 뽑히는 것이 아니듯 후보 물질이 모두 약이 되는 것은 아닙니다. 그나마 반장 선거에서는 누구든지 뽑히는 사람이 있기 마련이지만, 후보 물질은 모조리 탈락할 수도 있습니다. 약으로 적합해야만 뽑힐 수 있으니까요.

효능이 있는데도 왜 약이 되기에 적합하지 않은 것일까요? 그 이유는 독성과 생체 내에서의 유기적 관계 때문입니다.

약효와 독성, 그 얽히고설킨 관계

중금속의 일종인 납은 미백 효과가 뛰어나 1930년대까지만 해도 화장품에 많이 사용되었습니다. 당시 가장 유명한 화장품이었던 박가분이 바로 납을 이용한 것이었는데, 이 분만 바르면 얼굴의 잡티가 가려지고 피부가 하얗게 된다 해서 날개 돋친 듯

팔려 나갔습니다. 그런데 박가분을 오랫동안 사용하던 여성들 사이에서 납 중독 현상이 나타났습니다. 납은 피부를 하얗게 만들어 주기는 하지만, 몸에 흡수되어 일정량 이상 쌓이면 신경계를 파괴하고 소화계를 공격하며 혈액을 만드는 능력을 떨어뜨립니다. 그 결과 소화불량, 복통, 변비, 빈혈, 팔다리 마비 증세가 나타나고 심한 경우 뇌가 파괴되어 심각한 지적 장애를 겪거나 사망할 수도 있습니다. 그래서 이제는 화장품에 납을 넣는 것이 엄격하게 금지되고 있습니다. 납의 미백 효과는 충분하지만 독성이 너무 커서 화장품으로 적합하지 않은 것이지요.

약도 마찬가지입니다. 연구를 통해 찾아낸 신약 후보 물질은 분명 질병에 대해 효능을 가지고 있지만, 독성도 가지고 있을 수 있습니다. 안타깝게도 많은 후보 물질이 독성이 있는 것으로 드러나 탈락합니다.

동물실험에서는 나타나지 않았던 독성이 뒤늦게 밝혀져 사회 문제가 되는 경우도 있습니다. 1960년대 초에 탈리도마이드라는 약이 큰 인기를 끌었습니다. 임신부의 입덧을 억제하는 데 효과가 뛰어났거든요. 임신한 쥐를 이용한 실험에서도 태아에게 아무런 이상을 주지 않는 것으로 나타났습니다. 제약회사는 안심하고 약을 판매했습니다. 그런데 탈리도마이드를 먹은 많은 임신부가 기형아를 낳는 일이 벌어졌습니다. 팔다리가 아예 없

동물실험에 사용되는 흰쥐. 동물실험은 의학 발전에서 큰 역할을 담당해 왔다. 하지만 동물실험에서 안전하다고 판명되었다 해서 무조건 안심할 수 있는 것은 아니다.

거나 있어도 심하게 짧은 아이들이 태어난 것이죠. 알고 보니 탈리도마이드가 인간 태아의 팔다리에서 혈관이 만들어지는 것을 방해했던 것입니다. 쥐에게는 별다른 해를 끼치지 않았던 약이 사람에게는 치명적인 부작용을 유발했던 거예요.

대부분의 약은 효능과 독성을 동시에 가집니다. 약통에서 아무 약이나 꺼내 설명서를 살펴보세요. 우리가 흔히 먹고 바르는 진통제, 소화제, 연고의 설명서를 보면 효능과 효과는 한두 줄에 불과한데 부작용은 한 장 가득 빽빽이 적혀 있을 겁니다. 이미 판매 중인 약조차 부작용 목록이 줄줄이 달려 있는 상황이니, 후보 물질은 거의 100퍼센트 부작용을 가진다 해도 과언이 아닙니다. 하지만 부작용이 크다고 해도 확률이 낮으면 통과될 수 있습니다. 예를 들어 진통제로 널리 쓰이는 타이레놀의 경우, 자칫 간을 완전히 망가뜨리는 심각한 부작용을 가져올 수도 있지만 그 확률이 무척 낮기 때문에 경고문을 단 채 판매되고 있지요.

후보 물질의 독성이 적거나 부작용 확률이 낮다고 해서 문제가 끝난 것은 아닙니다. 이 물질의 체내 유입 방식, 분해 속도, 배출 속도, 적정 사용량, 다른 물질과의 관계, 제조 공정의 복잡성 등을 모두 따져야 합니다. 소화가 전혀 안 돼 흡수가 어렵다거나, 한 덩어리로 뭉치는 힘이 강해서 주사로 놓아도 퍼지질 않는다면 약으로 쓰기에 적합하지 않습니다. 먹자마자 30분 만에 모두 분해되어 약효가 지속되지 않는다거나, 반대로 분해가 너무 느려 며칠이 지나도 몸속에 남아 있다거나, 한 번에 한 바구니만큼 약을 먹어야 한다거나, 몸속의 단백질이나 기타 여러 물질에 달라붙어 버린다거나, 제조하는 데 필요한 공정이 1만 8,000여 단계쯤 된다거나 해도 약으로 쓰기 어렵습니다. 이 모든 바늘구멍을 모두 통과해야 비로소 하나의 신약이 세상의 빛을 보게 되는 것입니다.

그러다 보니 신약을 개발하는 데는 보통 10~20년의 시간이 걸리고, 효능이 있는 후보 물질이 발견되었다고 해도 5~10년의 세월이 더 걸리는 것이 일반적입니다. 물론 후보 물질 중 대부분은 중간 검증 단계를 통과하지 못해 탈락하고요. 그래서 뉴스에 보도된 후보 물질에 비해 실제로 나오는 신약의 개수는 매우 적습니다. 그런데도 왜 뉴스에서는 굳이 이런 후보 물질을 보도하는 것일까요?

의학과 뉴스 사이에 다리 놓기

의료와 건강 분야의 뉴스는 사람들의 삶과 밀접한 관계를 맺고 있습니다. 그러므로 의학 기사는 정확한 정보의 전달이 특히 중요합니다. 전문 지식을 지닌 기자가, 전문가의 자문을 받아, 일반 독자들이 이해하기 쉽게, 시간을 충분히 가지고 쓰는 것이 원칙입니다. 주요 언론사가 의사 출신의 의학 전문 기자를 따로 두고 있는 것도 이 때문입니다.

그러나 실제 보도 현장에서는 이런 원칙이 지켜지지 않는 경우가 많습니다. 과학자와 언론인 모두 진실을 가장 중요한 가치로 여기지만 서로 정의하는 진실이 다르기 때문이지요. 이 차이의 충돌이 의학뿐 아니라 모든 과학 기사에서 왜곡을 부르곤 합니다.

미국의 과학사회학자 도로시 넬킨은 의학 관련 기사를 보도할 때 기자들이 부딪히는 문제점을 다섯 가지로 정리한 바 있습니다. 하나하나 살펴보도록 하지요.

첫째, 의학 기사와 일반 뉴스는 정보의 가치가 다릅니다. 일반 뉴스는 최근의 것, 특이한 것일수록 뉴스 가치가 높습니다. 예를 들어 세계 최초로 에베레스트 정상을 등정한 사람, 흔히 볼 수 없는 백호의 탄생 등은 좋은 뉴스거리가 됩니다. 그래서 언론은 의학 분야를 보도할 때도 아직 검증되지 않은 신물질이나 새로운 이론을 대서특필하곤 합니다. 그러나 의학 분야에서는 신물질 혹은 신약의 발견보다 오랫동안 검증받은 확실한 물질, 특수한 것보다 일반적으로 효과가 있는 것이 더 큰 가치를 가집니다.

둘째, 기사의 편집권과 선택권은 편집장에게 있습니다. 기사는 기자가 쓰지만 실제로 그 기사를 실을지 결정하는 것은 윗사람인 편집장의 몫입니다. 편집장은 기자의 글을 고치기도 하고, 독자의 입맛에 맞는 자극적인 제목을 달기도 합니다. 그에 비해 과학 논문은 그 논문을 쓴 과학자가 모든 권리를 가지므로 다른 사람이 이를 수정하거나 삭제할 수 없습니다. 아무리 권위 있는 과학자라 하더라도 말입니다.

셋째, 태생적으로 언론은 전문가가 아닌 일반 독자의 취향을 고려합니다. 보통 사람들에게 전문 의학 정보는 너무 복잡한 이야기로 받아들여집니다. 의학적으로는 획기적인 발견임에도 대중들의 관심에서 벗어난 뉴스와, 의학적으로는 별다른 중요성을 가지지 않지만 흥미를 끌 수 있는 뉴스가 있다면 언론에서는 가차 없이 후자를 선택합니다. 즉, 언론에 많이 등장하는 기사라고 해서 과학적으로 더 중요하다는 법은 없습니다.

넷째, 의학 뉴스가 가지는 구조적인 문제점도 있습니다. 의학 정보는 복잡하면서도 너무 빨리 바뀝니다. 게다가 실험 결과를 100퍼센트 신뢰할 수도 없죠. 예를 들어, 한 기자가 100명을 대상으로 한 임상 실험에서 부작용이 나타나지 않은 치료제를 안전하다고 보도합니다. 그런데 이 치료제에 1,000명당 한 명꼴로 나타나는 치명적인 부작용이 숨어 있을 수도 있습니다. 하지만 비전문가인 기자와 독자로서는 이런 사실을 파악하기가 힘듭니다.

마지막으로 다른 분야의 뉴스는 기자가 직접 발로 뛰며 조사하는 데 비해, 의학 뉴스는 워낙 전문적이다 보니 의학계에 종사하는 정보원에 대한 의존도가 높습니다. 따라서 정보원이 신뢰성과 객관성을 갖추지 못하면 기사 전체가 처음부터 왜곡될 가능성이 높습니다. 아무리 정보원이 양심적인 사람이라 해도 자신에게 불리한 정보나 실수는 드러내기가 쉽지 않기 때문입니다.

이런 이유로 의학 정보가 정확하면서도 효과적으로 일반 사람들에게 전달되려면 과학 전문 커뮤니케이터가 필요합니다. 하지만 아직 우리나라는 이런 사람들이 부족한 것이 현실입니다. 과학에 관심 있는 여러분이야말로 훌륭한 과학 전문 커뮤니케이터가 될 가능성을 가진 사람들이니, 이 분야에 대해서도 관심을 가져 보면 어떨까요?

암 정복이 어려운 이유

22시 15분 항암제에 관해 찾아보다

방에서 숙제를 하는 둥 마는 둥 노닥거리던 훈이는 인터넷을 하기 위해 휴대폰을 들고 슬그머니 다시 거실로 나왔다. 훈이의 방에서는 와이파이가 잘 안 잡히기 때문이었다.

엄마 아빠는 항암 치료를 하고 계시는 외할아버지 이야기를 하고 있었다.

"항암 치료가 그렇게나 독한 줄은 몰랐어. 아버지는 연세도 있으신데 견뎌 내실지 원."

"항암 치료로 안 되면 다른 방법이 없다는데 큰일이야."

훈이는 인터넷을 하면서도 계속 엄마 아빠의 대화가 신경 쓰였다. 평소 같으면 연예인이나 스포츠와 관련된 뉴스를 보았겠지만 오늘은 의학 뉴스에 관심이 갔다.

엄마가 휴대폰 화면을 뚫어지게 바라보고 있는 훈이를 보며 말했다.

"훈이 너 또 게임 하니?"

"아이, 엄마는. 나도 외할아버지가 걱정돼서 인터넷을 찾아보고 있어."

"인터넷에서 뭘?"

"면역 항암제라는 게 있다는데 엄마도 알아?"

"그러잖아도 의사 선생님에게 물어봤는데, 국내에서는 할아버지가 쓸 수 있는 게 없대."

"왜?"

"허가가 아직 안 났대. 엄마도 따졌어. 약이 있는데 허가가 안 나서 못 쓰는 게 어디 있냐고. 정말 답답해. 빨리빨리 규정을 바꿔서 쓰게 만들어야지, 다들 왜 이렇게 늑장을 부리는 거야?"

변화하는 과학의 시대를 살아가는 법

저런, 훈이 할아버지께서 건강하셔야 할 텐데 걱정입니다. 요즘 주변을 둘러보면 훈이 할아버지처럼 암으로 고생하시는 분들이 많습니다. 그도 그럴 것이 우리나라 사람의 사망 원인 1위가 바로 암입니다. 통계청에서 발표한 자료에 따르면, 2021년 한 해에 암으로 사망한 사람은 전체 사망자의 26퍼센트인 82,699명이나 된다고 합니다. 한국인 네 명 중 한 명은 암으로 죽는 것이지요. 물론 이건 새삼스러운 일이 아닙니다. 이 통계가 시작된 1983년부터 사망 원인 1위는 쭉 암이었거든요.

인간은 아주 오랫동안 암으로 고통받아 왔습니다. 3천 년 전에 묻힌 이집트 피라미드 속 미라에서도 암의 흔적이 발견됩니다. 어떤 고인류학자는 180만 년 전에 만들어진 것으로 추정되는 고인류의 화석에서도 뼈에 생기는 암의 일종인 골육종의 흔적을 발견했다고 합니다. 인간뿐만 아니라 다른 동물도 암에서 자유로울 수 없습니다. 물론 자연에서 살아가는 동물은 암에 걸

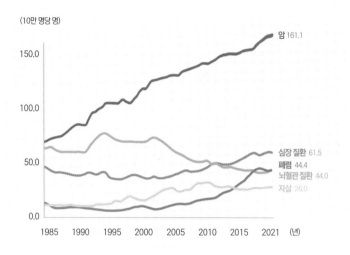

(10만 명당 명)

한국인 사망 원인 순위와 추이. 통계가 시작된 1983년부터 1위는 암이었으며, 그 비율은 점점 더 늘고 있다.

리기 전에 잡아먹히거나 사고를 당해 죽을 확률이 더 높습니다. 그런데 운이 좋아 오래 살게 된다면, 어김없이 이들의 삶에 암이 끼어듭니다. 반려동물로 많이 키우는 개와 고양이도 말년에는 암에 걸리는 경우가 많지요. 심지어 최근에는 수천만 년 전에 살았던 공룡조차 암에 걸렸다는 증거가 발견되었습니다. 도대체 암이 무엇이길래, 지구상의 모든 동물을 이렇게 오랫동안 괴롭혀 온 것일까요?

끊임없이 분열하는 악성 세포

암이 쉽게 정복되지 않는 이유는 병의 원인이 외부가 아니라 내부에 있기 때문입니다. 우리 몸속에 있는 세포가 돌연변이를 일으켜 생기는 병이 바로 암이거든요. 암이란 간단히 말해 세포의 운명을 거부한 세포들의 덩어리입니다.

우리의 몸은 200여 종의 세포로 구성됩니다. 이들은 저마다 다른 역할을 수행하며 우리가 살아가게끔 도와줍니다. 피를 만드는 세포도 있고, 소화액을 만드는 세포도 있고, 각종 호르몬을 분비하는 세포도 있지요. 그런데 이들 세포에게도 수명이 있습니다. 우리가 늙고 병드는 것처럼, 세포도 시간이 지나면 여러 가지 이유로 정상적인 기능을 수행할 수 없는 상태가 됩니다. 이런 세포들은 저절로 죽고, 그 빈자리를 새로운 세포가 채우게 되지요.

세포들의 생존 주기는 종류에 따라 조금씩 다릅니다. 피부 세포는 4주, 적혈구는 4~6개월, 간세포는 7~10개월이 지나면 생을 마감하고 정해진 사멸 과정을 거치게 됩니다. 이것은 자연스러운 현상으로 모든 세포가 겪는 운명입니다. 그런데 가끔 이 운명을 거부하는 세포가 있습니다. 정상적인 기능을 하지도 못하면서 죽지 않고 끊임없이 분열만 하는 것이죠. 이런 세포를 악성 세포, 즉 암세포라고 합니다.

암세포가 생겨나면 우리 몸에서는 어떤 변화가 일어날까요? 간세포를 예로 들어 볼까요? 간세포는 포도당 저장, 독성 물질 제거, 담즙 생산, 영양물질의 대사 등 하는 일이 많습니다. 그런데 간세포가 암세포로 변하면, 평소 자신의 역할을 수행하는 데 쏟았던 에너지를 모두 자신의 수를 늘리는 데만 사용합니다. 점점 불어난 암세포들은 혹처럼 생긴 덩어리를 형성하고, 주변의 영양분을 빨아들이기 시작합니다. 머릿수가 늘어났으니 당연히 더 많은 식량이 필요하겠지요. 그들은 새로운 혈관을 만들어 다른 장기와 조직으로 갈 영양분을 가로챕니다. 식량이 많아지니 암세포는 더욱 늘어나고요. 이렇게 폭발적으로 늘어난 암세포는 점점 더 걷잡을 수 없는 상태가 됩니다.

일은 안 하면서 식량만 빼돌리는 세포가 계속 늘어난다면 간은 어떻게 될까요? 암세포에 잠식당한 간은 제 기능을 할 수 없게 됩니다. 이런 상태가 지속되면 우리의 생명도 위태로워지지요. 이뿐만이 아닙니다. 마구 늘어나는 암세포는 자기가 원래 있던 곳에서 멈추지 않고, 주변 조직으로 퍼져 나갑니다. 혈관이나 림프관을 타고, 멀리 떨어진 장기나 조직까지 갈 수도 있습니다. 마치 식민지를 건설하는 것처럼 말이죠.

그래서 암이 생기면 가장 먼저 고려하는 치료가 바로 절제입니다. 암이 생긴 부위를 재빨리 잘라 내어 더 이상 암이 퍼지지 않게 하는 것이죠. 그러나 작디작은 암세포들이 얼마나 퍼져 있는지 알기 힘들기 때문에, 아무리 세심하게 잘라 낸다 해도 남아 있는 암세포가 있을 수 있습니다. 이때 필요한 것이 항암제입니다. 항암제는 눈에 보이지 않는 암세포를 공격해서 죽이는 역할을 합니다. 하지만 항암제에도 단점이 있습니다. 바로 부작용이지요. 지금까지 항암제는 세대를 거듭하며 부작용은 줄이고, 효과는 높이는 방향으로 진화되어 왔습니다.

암을 공격하는 무기, 항암제

항암제의 조건에는 무엇이 있을까요? 먼저 암세포를 죽일 수 있을 만큼 강력한 독성을 지녀야 합니다. 그러나 그 독이 다른 정상 세포를 공격하면 안 되겠지요? 그렇기 때문에 항암제는 암세포만 골라내 공격하는 식별 능력도 갖춰야 합니다. 항암제는 이 식별 능력을 좀 더 정교하게 만드는 방향으로 발전해 왔습니다.

1세대 항암제는 화학 항암제입니다. 다른 말로 세포 독성 항암제라고도 하는데, 그야말로 세포를 죽이는 독약이라고 할 수 있지요. 이 항암제는 성장과 분열을 멈춘 얌전한 세포보다는 활발하게 분열하고 있는 세포를 주로 공격합니다. 암세포의 도드라진 특성 중 하나가 끊임없는 세포분열이기 때문에 이러한 항암제가 개발되었고, 실제로 암세포에 강한 독성을 발휘합니다. 그러나 화학 항암제는 암세포만 골라서 공격하지 않기 때문에 분열이 활발한 다른 정상 세포도 공격하게 됩니다. 암세포를 죽이면서 혈액세포, 위장 상피세포, 머리카락이나 손톱을 만드는 세포 들까지 죽이는 것이지요. 그래서 화학 항암제 치료를 받은 뒤에는 머리카락이 빠지거나, 구토 증상에 시달리거나, 심각한 빈혈이 오는 등 부작용이 나타납니다.

2세대 항암제인 표적 항암제는 암세포에 좀 더 특화된 표지를 찾아 공격하는 항암제입니다. 암세포는 일반 세포와는 다른 여러

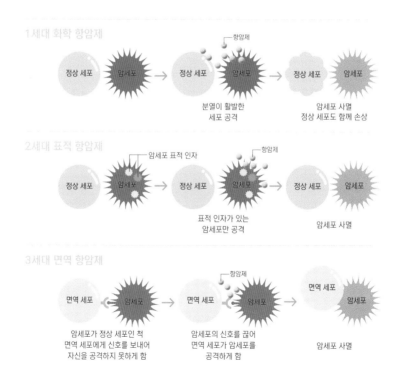

1세대 화학 항암제

정상 세포　암세포 → 정상 세포　암세포　항암제 → 정상 세포　암세포

분열이 활발한
세포 공격

암세포 사멸
정상 세포도 함께 손상

2세대 표적 항암제

정상 세포　암세포　암세포 표적 인자 → 정상 세포　암세포　항암제 → 정상 세포　암세포

표적 인자가 있는
암세포만 공격

암세포 사멸

3세대 면역 항암제

면역 세포　암세포 → 면역 세포　암세포　항암제 → 면역 세포　암세포

암세포가 정상 세포인 척
면역 세포에게 신호를 보내어
자신을 공격하지 못하게 함

암세포의 신호를 끊어
면역 세포가 암세포를
공격하게 함

암세포 사멸

특징들을 갖고 있습니다. 특별한 단백질을 갖고 있다거나, 특이한 염색체 구조를 보인다거나 하는 식이지요. 표적 항암제는 이처럼 암세포에만 나타나는 구체적인 특징을 인식해 공격하기 때문에 부작용이 훨씬 적습니다. 그러나 문제는 표적 항암제의 적용 범위가 아직 너무 좁다는 것입니다. 암의 종류는 수백 가지가 넘지만, 2023년 기준 미국식품의약국FDA의 승인을 받은 표적 항암제는 50여 건에 불과합니다. 게다가 표적 항암제를 계속 사용할 경우 내성일 생길 수 있고, 치료비도 매우 비싸지요.

3세대 항암제는 면역 항암제입니다. 암세포는 세포의 돌연변이로 생겨납니다. 그러나 이렇게 생겨난 돌연변이 세포들이 모두 암으로 발전하는 것은 아닙니다. 우리 몸에는 이런 돌연변이 세포를 골라내 제거할 수 있는 세포가 있기 때문이죠. 그중 대표적인 세포가 면역 세포의 일종인 NK 세포입니다. 돌연변이 세포가 살아남기 위해서는 NK 세포의 눈을 피해야 합니다. 그래서 돌연변이 세포는 특수 물질을 분비해 정체를 숨깁니다. 위장복을 입는 것이죠. 면역 항암제는 위장복을 벗기는 일을 합니다. 한마디로 돌연변이 세포를 NK 세포에게 노출시키는 거예요. NK 세포는 꽤 무자비하기 때문에 암세포가 있다는 걸 알려 주는 것만으로 충분할 때가 많습니다. 이렇게 면역 항암제는 우리 몸의 면역 체계를 이용하기 때문에 치료 과정에서 환자의 고통이나 체력 소모를 줄여 줄 수 있습니다. 그러나 표적 항암제와 마찬가지로 아직 특정 암세포에만 효과가 있으며, 치료비 또한 만만치 않다는 것이 단점으로 꼽힙니다.

최근 활발히 연구되는 항암제 중에는 대사 항암제라는 것도 있습니다. 대사 항암제는 암세포에 영양을 공급하는 대사 작용에 관여해 에너지 공급을 차단하는 역할을 합니다. 한마디로 암세포를 굶겨서 죽이는 것이지요. 부작용이나 내성 등 기존 항암제의 한계를 극복할 수 있는 차세대 치료제로 많은 관심을 받고 있지만, 아직 임상 단계에 있기 때문에 실제 치료에 적용하려면 시간이 걸릴 것으로 보입니다.

새로운 과학 지식과 연구 결과를 대하는 우리의 자세

앞서 살펴본 것처럼 항암제는 계속 진화하고 있고, 수술 치료 역시 큰 발전을 이뤘습니다. 예전 같으면 속수무책으로 당할 수밖에 없었던 여러 종류의 암이 요즘에는 완치되는 사례가 적지 않지요. 그러나 모든 암세포에 적용할 수 있고, 부작용도 없는 안전하고 완벽한 암 치료제는 아직 나오지 않았습니다.

기존에 나와 있는 치료제로 충분한 효과를 볼 수 있다면 다행이지만 그렇지 않다면 어떨까요? 암세포는 점점 커져만 가는데, 당장 적용할 치료제가 없다면요? 이런 환자나 가족들은 새로운

치료제 개발 소식에 동요할 수밖에 없을 거예요.

　여기서 고민해 봐야 할 문제가 생깁니다. 우리는 새로운 치료제와 같이 빠르게 변화하는 과학 지식과 연구 결과를 어떻게 받아들여야 할까요? 아직 검증이 완벽히 끝나지 않은 새 치료제는 치료 효과를 보장할 수 없고, 부작용이 생길 가능성도 높습니다. 그렇지만 손 놓고 있는 것보다는 위험을 무릅쓰고서라도 새로운 약에 도전해 보는 것이 좋을까요? 아니면 부작용으로 더 큰 문제가 발생할 수 있으니 그냥 기다리는 게 나을까요?

　누구도 답을 쉽게 내릴 수는 없을 거예요. 최신의 연구 결과는 새롭고 획기적이지만, 검증이 덜 되었기에 100퍼센트 신뢰할 수 없지요. 이럴 때 우리에게 필요한 것은 판단을 위한 기준입니다. 주어진 정보를 제대로 파악하고, 현실적으로 가능한 것들을 가려내야 합니다. 그러기 위해서는 의사나 과학자 같은 전문가의 말에 귀를 기울여야 합니다. 그래야 가짜 정보에 속거나 잘못된 판단을 하는 일이 줄어들 것입니다. 또한 역동적으로 변화하는 현실을 이해하고, 계속 관련 자료를 살펴보며 새로운 지식을 업데이트해야 합니다. 현재는 시간이 지나면 과거가 되고, 미래는 머지않아 현재가 되지요. 이런 사실을 기억하고 새로운 정보를 받아들이는 것, 끊임없이 의심하면서 균형 잡힌 지식 체계를 갖추어 나가는 것이야말로 현재진행형으로 변화하는 과학의 시대를 살아가는 우리의 자세가 아닐까 생각해 봅니다.

과학이 모든 문제를 해결할 수 있을까?

22

22시 33분 온 동네가 정전이 되다

"어? 이거 왜 이래?"

갑자기 모니터가 까맣게 변했다. 방에 들어와 숙제를 마저 하다가 슬슬 게임 삼매경에 빠지려고 하는데 갑자기 컴퓨터가 꺼져 버린 것이다. 거실로 나가 보니 훈이 방 컴퓨터만이 아니었다. 거실의 텔레비전도, 전등도, 냉장고도 모조리 꺼졌다. 집 안은 순식간에 암흑천지가 되었다.

누나도 놀라서 뛰쳐나왔다.

"무슨 일이야? 우리 집만 이래?"

238

아빠가 밖을 내다보며 말했다.

"아무래도 이 동네 전체에 전기가 나간 거 같구나. 다른 집들도 다 깜깜하네."

"촛불이라도 켜야겠어. 훈아, 엄마 좀 도와줘."

훈이는 휴대폰에 있는 손전등 앱을 켜고 엄마를 따라 안방으로 들어갔다. 잠시 뒤 두 사람은 양초를 들고 거실로 나왔다.

"이렇게 촛불 켜고 있으니까 분위기는 좋은걸? 왠지 생일 축하 노래라도 불러야 할 것 같지 않아?"

아빠가 웃으며 말했다.

"아직 정전 관련해서 올라온 뉴스는 없네. 언제까지 이러고 있어야 하는 거야?"

휴대폰을 뒤적거리던 누나가 말했다.

훈이는 문득 한기가 느껴져서 손을 비볐다.

"가스도 나갔나? 보일러가 안 돌아가는 것 같아. 어유, 추워."

"보일러 작동 장치가 전기로 움직이는 거라서 같이 멈췄나 보다. 전기가 다시 들어와야 돌아갈 거야."

이번에는 아빠가 안방으로 들어가서 두툼한 이불을 들고나왔다. 훈이는 이불을 덮고 앉아서 속으로 빌었다.

'게임 못 해도 좋으니까 제발 전기만 다시 들어와라, 제발!'

과학기술에 대한 맹신에 경종을 울리다

2003년 8월 14일, 뉴욕을 포함한 미국 북동부와 중서부, 그리고 토론토 등 캐나다 동부에 대규모 정전 사태가 벌어졌습니다. 당시 전기가 끊긴 지역에 거주하던 5,000만 명은 꼬박 하루가 넘게 전기 없는 생활을 해야 했지요.

사람 많고 복잡하기로 유명한 뉴욕 시내는 전기가 나가자 대혼란에 빠졌습니다. 거리의 신호등이 모두 꺼져 차량과 사람이 한꺼번에 뒤섞이는 바람에 교통 혼란이 벌어졌고, 멈춰 버린 엘리베이터나 지하철에 갇힌 사람들이 911로 구조를 요청한 전화만도 8만 통이나 되었습니다. 또한 불을 밝히기 위해 사용한 양초 때문에 화재 발생이 늘어 3,000건의 화재 신고가 접수되었고, 어두운 데서 다니다가 부상을 입은 사람들로 병원 응급실은 평소보다 3~4배 북적댔습니다. 더운 여름날이어서 엄청난 양의 음식물이 상해 쓰레기통에 버려졌고, 범죄 발생률도 높아졌습니다. 보안용 CCTV나 방범용 경보 장치가 작동되지 않는 틈을 타서 도둑이 기승을 부린 것이지요. 이날 하루의 정전이 끼친 피해 규모는 60억 달러에 달했습니다.

이 엄청난 혼란의 원인은 무엇이었을까요? 그 원인을 들여다보면 과학이 고도로 발달한 현대사회에 내재해 있는 위험을 알 수 있답니다.

사소한 문제가 부른 거대한 결과

이 대규모 정전 사태의 시작은 에어컨이었습니다. 8월 중순은 무더위로 인해 에어컨 사용이 급증하기 때문에 일 년 중 에너지 소비량이 가장 많은 때입니다. 2003년 여름은 특히나 더워서 에

어컨 사용량이 폭발적으로 늘어났습니다. 당연히 모든 발전소가 풀가동되었고, 그중 일부 지역의 발전소가 고장이 나서 일시적으로 전기 공급을 중단한 것이 사건의 시작이었습니다.

보통 발전소는 정상적으로 가동되지 못할 때를 대비해 다른 발전소들과 연결되어 있습니다. 예를 들어 한 지역에 발전소 A, B, C가 있다면 A, B, C가 전력을 공급하는 지역이 서로 겹쳐지도록 조정합니다. 그래야 세 개 중 하나에 문제가 있더라도 다른 두 발전소가 나서서 정전을 막을 수 있으니까요.

그런데 이런 방식은 나머지 두 발전소에 여유가 없으면 오히려 문제를 키울 수 있습니다. 2003년의 대규모 정전 사태가 바로 그런 경우였습니다. 작은 발전소 하나가 전력 과부하로 전력 공급을 중단하자, 이 발전소와 연결되어 있던 다른 발전소와 또 다른 발전소에 연이어 과부하가 걸리면서 결국 대규모 정전 사태가 벌어진 것입니다.

이것이 미국만의 문제일까요? 우리나라도 예외가 아닙니다. 2022년 12월, 서울 송파구의 한 아파트에서 대규모 정전 사태가 발생하면서, 인공호흡기를 단 응급 환자 2명과 엘리베이터에 갇힌 시민 16명이 긴급 구조된 사건이 있었습니다. 한파 때문에 단지 내 전력 사용량이 크게 늘면서 변압기가 파손돼 발생한 정전이었지요.

왜 이런 일이 벌어지는 걸까요? 현대사회는 거대한 과학기술의 결과물로 구성된 사회입니다. 이제 과학기술은 너무 거대해지고 복잡해져서 하나하나 파악하는 것이 불가능할 지경이 되었습니다. 그런데 이렇게 복잡하게 연결된 사회일수록 사소한 결함이 시스템 전체

챌린저호 폭발로 숨진 일곱 명의 우주인을 기리는 비석.

를 붕괴시킬 수 있습니다. 다른 부분은 모두 정상적으로 움직이고 있더라도 말입니다.

이런 현상을 미국의 사회학자 찰스 페로우는 '정상 사고normal accident'라는 개념으로 설명했습니다. 사고는 사고인데 정상이라니 이게 무슨 소리일까요? 복잡한 현대사회에서는 전체 시스템이 정상적으로 작동된다 하더라도 사고가 일어나는 것을 완벽하게 막을 수 없다는 뜻입니다.

1986년 미국의 우주왕복선 챌린저호가 출발한 지 73초 만에 공중에서 폭발했습니다. 일곱 명의 승무원과 1조 2,000억 원이 투입된 우주선이 순식간에 사라졌지요. 당시 이 모습을 텔레비전 생중계로 지켜본 사람들은 큰 충격을 받았습니다.

그런데 조사 결과, 이 참사는 어이없을 정도로 작은 실수 때문에 일어난 일이었습니다. 부품을 연결하는 부위를 밀폐하기 위해 쓰는 고무마개가 있는데, 이 고무마개가 약간 헐거웠던 것이 폭발의 원인이었지요. 우주선이 발사되자 고무마개에 균열이 일어났고, 그 영향이 순식간에 전체로 퍼지면서 결국 우주선이 폭발한 것입니다.

우주왕복선 한 대에서도 이런 일이 일어나는데, 가늠할 수 없을 정도로 거대하고 복잡한 현대사회가 완벽하게 돌아간다면 오히려 이상한 일이겠지요. 그렇다고 마냥 손 놓고 있을 수도 없습니다. 우리가 할 수 있는 최선의 대책은 무엇일까요?

사회가 현대 과학에 대처하는 법

13장에서도 보았듯이 과학의 발전은 위험을 '안전한 것'으로 바꾸어 준 동시에 새로운 문제를 낳기도 했습니다. 현대사회의 위험은 과거의 위험과는 조금 다릅니다. 과학기술 그 자체가 또 다른 위험을 가져온다는 점이 그렇지요. 과학기술이 발전하면 모든 문제가 해결될 것이라고 믿는 사람들이 많은데, 과학기술과 복잡한 사회시스템이 맞물리면 앞에서 살펴본 예처럼 뜻하지 않은 결과를 낳을 수 있습니다. 그리고 그런 결과를 100퍼센트 예측하기란 거의 불가능합니다.

물론 이때도 과학은 해결책이 될 수 있습니다. 6장에서 이야기했듯이 과학자의 책임 의식을 강조하는 것도 한 방법입니다. 하지만 현대사회는 이미 과학자들이 모든 문제를 감당하기에는 너무나 크고 복잡합니다.

　여기서 어려운 말로 '탈정상과학'이라는 개념이 등장합니다. 탈정상과학이란 21세기의 과학적 문제들은 사회에 미치는 영향이 너무나 막대해서, 이를 해결하기 위해서는 단순히 과학적으로만 접근할 게 아니라 사회적인 합의를 이끌어 내야 한다는 것입니다.

　예를 들어 원자력발전소 문제를 봅시다. 원자력발전소는 현대사회에서 필요악에 가깝습니다. 화석연료를 사용하는 화력발전소는 쓰기 쉽고 효율성도 높지만 심각한 환경오염을 일으킵니다. 화석연료의 매장량에 한계가 있어서 무한정 사용할 수도 없습니다. 수력, 풍력, 지열, 태양열발전소는 고갈되지 않는 청정에너지원을 바탕으로 하지만 낮은 효율성과 지형적 한계라는 단점이 있습니다. 효율성도 높으면서 어디서나 이용할 수 있는 원자력발전소는 거의 유일한 대안입니다.

　하지만 원자력발전소에는 심각한 문제가 있습니다. 일단 사고가 나면 엄청난 양의 방사능 물질이 유출되어 사람뿐 아니라 주변 지역이 큰 피해를 입을 수 있는 것입니다. 1986년 소련의 체

르노빌 원자력발전소 폭발 사고와 2011년 일본의 대지진으로 인한 후쿠시마 원자력발전소 사고가 대표적인 예입니다. 그래서 어떤 지역에 새로 원자력발전소를 지을 때는 어김없이 지역 주민들의 심각한 반대에 부딪히게 됩니다.

이럴 때 정부와 과학자는 주민들이 막연한 공포 때문에 덮어 놓고 발전소 건립을 반대한다고 매도해서는 안 됩니다. 그런 식으로는 절대 문제가 해결되지 않습니다. 정부 관계자와 과학자, 지역 주민, 자치단체, 시민 단체가 모두 한자리에 모여 서로 합의를 해야 합니다. 충분한 논의를 거치면서 말이지요.

과학이 사회에 '내 말이 진실이니 나만 믿고 따라와'라며 윽박지르거나, 사회가 과학을 '어차피 우리랑 동떨어진 존재잖아'라며 따돌려서는 어떤 문제도 해결할 수 없습니다. 문제의 발단이 과학에 있다 해도, 그 결과는 과학을 넘어 사회 전체에 영향을 미치기 때문입니다. 수많은 입장이 복잡다단하게 얽힌 과학 문제를 해결하기 위해서는 과학적 시각으로만 대상을 보지 말고, 시야를 넓혀서 사회적 합의를 이끌어 낼 수 있어야 합니다.

순한 담배, 안심해도 될까?

23

22시 55분 아빠가 담배를 피우러 나가다

훈이네 가족은 침묵에 빠져 있었다. 훈이가 중학교에 들어간 이후, 저녁 먹을 때를 제외하면 가족 모두가 한자리에 모인 일이 거의 없었던 것이다.

이어지는 침묵이 답답했는지 아빠가 자리에서 일어났다. 엄마가 의심의 눈초리로 아빠를 쳐다보며 말했다.

"당신 어디 가?"

"답답해서⋯⋯. 잠깐 나가서 바람 좀 쐬고 올게."

"추운데 웬 바람? 당신 또⋯⋯."

아빠는 엄마의 눈치를 보면서 슬그머니 현관문을 열고 나갔다. 한 손에는 담뱃갑과 라이터를 쥔 채.

"어이구, 너희 아빠는 담배 끊겠다고 말한 지가 언젠데 아직도 저런다니. 건강을 위해서라도 제발 좀 끊어야 할 텐데. 훈이 너!"

갑자기 불똥이 훈이에게 튀었다.

"요즘에는 중학생도 담배 많이 피운다던데 너도 설마 그런 건 아니겠지?"

"엄만 아들을 왜 그렇게 못 믿어? 좀 믿음을 가져요."

"글쎄다. 원래는 철석같이 믿었는데 요즘 들어 신뢰도가 떨어지고 있어. 담배에 눈길도 줄 생각 마. 혹시나 그랬다가 엄마한테 걸리면 국물도 없을 줄 알아. 진이, 너도!"

"네, 네, 알겠습니다."

마침 그때 아빠가 거실로 돌아왔다.

"어유, 왜 이렇게 춥나."

"그러게 몸에도 나쁜 걸 왜 굳이 피우는 건지 모르겠네."

"내가 당신 생각해서 이제 독한 건 안 피워. 요즘 담배는 순해서 큰 문제 없다니까?"

"하여간 핑계 없는 무덤이 없다더니. 담배 냄새 나니까 가까이 오지 말고 거기 서 있어!"

순한 담배 속에 숨은 치명적인 비밀

저도 훈이 엄마의 말씀에 동의합니다. 여러모로 번거롭고 몸에도 좋지 않은 담배를 왜들 피우는 걸까요? 담배만 끊으면 돈도 아낄 수 있고, 담배를 피우느라 눈치 볼 일도 없을 텐데 말이지요.

요즘 건강에 대한 관심이 부쩍 높아지면서 담배에도 변화의 바람이 불었습니다. '라이트', '마일드', '순' 같은 단어가 덧붙은 이른바 순한 담배가 등장했고, 전자 담배의 판매량도 지속적으로 늘고 있습니다. 이런 담배는 기존 담배보다 유해 물질이 적게 들어 있어 그만큼 건강에 덜 해롭다고 담배 회사들은 말하지요.

훈이 아빠의 변명대로 이런 담배는 순해서 문제가 없을까요? 이번에는 담배를 통해 과학 뒤편에 숨어 있는 '순한 제품'들의 정체를 밝혀 보도록 하지요.

담배가 약이다?

담배의 원산지는 아메리카 대륙입니다. 아메리카 대륙에 간 콜럼버스는 원주민이 토바코스라는 식물의 잎을 곰방대에 채워 태우는 것을 보았습니다. 이 잎을 말려 불을 붙이면 독특한 냄새를 가진 연기가 났습니다. 원주민은 토바코스 연기가 정신을 맑게 하고 마음을 안정시킨다며, 중요한 협상 때마다 둘러앉아 연기를 들이마셨습니다. 이 모습에 흥미를 느낀 콜럼버스는 토바코스를 유럽에 가져갔습니다. 이것이 바로 오늘날 해마다 300조 원이 넘는 매출을 올리는 거대 산업의 주인공 담배입니다.

담배를 처음 접한 유럽 사람들은 담배를 일종의 약초로 여겼습니다. 이것은 우리나라에서도 마찬가지였습니다. 담배가 우리나라에 들어온 건 광해군이 나라를 다스리던 1616년이었습니다. 조선 사람들은 이 연기 나는 풀에 대해 꽤 호의적이었습니다. 조선왕조실록에 따르면, 18세기 말 조선의 전체 인구 중 20퍼센트인 360만 명이 담배를 피웠다고 합니다.

이렇게 흡연 인구가 많았던 것은 담배가 지혈 작용을 할 뿐 아니라 기생충을 퇴치하고 충치를 예방하는 약이라고 생각했기 때문입니다. 당시에는 아이들에게까지 담배를 권했다고 하지요. 지금으로써는 상상도 할 수 없을 만큼 담배에 호의적인 시절이었습니다.

물론 담배에 살충 효과가 있는 건 사실입니다. 해충 구제용으로

네덜란드 화가 요한 판 베베르베이크가 17세기에 그린 그림 「담배 피우기」. 담배는 15세기 말에 아메리카에서 유럽으로 전해진 이후 전 세계로 퍼져 나갔다.

사용된 역사도 있지요. 하지만 담배의 폐해에 비하면 그 효과는 미미합니다. 담배 속에는 수천 종류의 화학물질이 들어 있는데 그중에는 해로운 성분이 많이 포함되어 있습니다. 담배에 들어 있는 타르는 강력한 발암물질로 폐암, 구강암, 식도암을 일으키는 주요 원인입니다. 담배 연기의 5~6퍼센트를 차지하는 일산화탄소는 적혈구의 산소 운반 능력을 떨어뜨려 심장 질환이나 뇌 질환의 위험을 높입니다. 담배 연기는 기관지와 폐를 자극해 만성 기관지염이나 폐 공기증을 일으키고, 혈중 콜레스테롤 농도를 높이며, 혈관을 수축시켜 혈액순환을 방해합니다. 임신부가 담배를 피우면 유산이나 조산, 저체중아 출산으로 이어질 가능성이 높아집니다.

특히 훈이 같은 청소년이 담배를 피우면 더더욱 위험합니다. 아직 성장이 끝나지 않은 청소년이 흡연으로 혈액순환에 문제가 생기면 그만큼 성장에 지장을 받습니다. 생각해 보세요. 한정된 시간 안에 벽돌로 집을 짓는데 한쪽은 널따란 고속도로를 통해 벽돌을 운반하고, 다른 한쪽은 비좁은 골목길을 통해 벽돌을 운반한다면 어느 쪽이 집을 더 크게 지을까요? 담배를 피우는 것은 혈관을 비좁은 골목길로 만드는 꼴입니다. 실제로 12~18세까지 청소년의 흡연과 성장의 관계를 조사한 결과, 담배를 피우지 않은 청소년은 1년 동안 평균 4.6센티미터가 자란 데 비해, 담배를 피운 청소년은 3센티미터 자라는 데 그쳤습니다. 담배는 뼈의 성장도 방해해서 담배를 피운 청소년은 골밀도가 30퍼센트 정도 낮았습니다.

하지만 많은 사람이 담배가 나쁘다는 사실을 뻔히 알면서도 담배를 멀리하지 못합니다. "미워도 다시 한번!"을 외치게 만드는 이 지독한 담배 사랑은 바로 니코틴 때문입니다.

현재 시중에서 판매되는 담배는 대개 한 개비에 0.2~0.6밀리 그램의 니코틴을 함유하고 있습니다. 니코틴은 담배와 떼려야 뗄 수 없는 물질입니다. 담배 속의 수많은 화학물질 중에서도 담배를 가장 '담배답게' 하는 물질이 바로 니코틴이거든요. 담배의 학명이 니코티아나 타바쿰 Nicotiana tabacum 이라는 사실 자체가 담배와 니코틴과의 연관성을 잘 보여 줍니다.

우리 몸에는 '니코틴성 아세틸콜린 수용체'라는 물질이 존재합니다. 우리 몸의 신경세포는 다른 신경세포나 근육과 연결되어 있는데, 완전히 붙어 있는 것이 아니라 살짝 떨어져 있습니다. 신경세포가 전기신호를 전달하기 위해서는 이 틈을 건너갈 나룻배가 필요합니다. 이때 나룻배 역할을 하는 것이 신경전달물질입니다. 이 신경전달물질 중 하나가 바로 아세틸콜린입니다. 앞쪽 신경세포에서 아세틸콜린이 분비되면, 뒤쪽 신경세포에 있는 니코틴성 아세틸콜린 수용체가 이를 붙잡아 신호를 전달합니다.

그런데 니코틴성 아세틸콜린 수용체에 니코틴이라는 단어도 들어가 있는 것은 이 수용체가 아세틸콜린뿐 아니라 니코틴과도 결합하기 때문입니다. 아세틸콜린은 부교감신경과 연관되어 있는데 부교감신경은 심장박동을 억제하고, 위와 장의 운동을 촉진하여 소화와 배변을 도와줍니다. 그런데 아세틸콜린이 없더라도 니코틴이 있으면 부교감신경을 자극하는 것과 비슷한 효과가 나타납니다. 흡연자들이 식사 후에 담배를 피워야 소화가 잘된다든가, 변비에는 담배가 효과적이라고 말하곤 하는데, 이는 모두 담배 속의 니코틴이 몸속에서 아세틸콜린처럼 니코틴성 아세틸콜린 수용체에 달라붙어서 일어나는 현상입니다.

니코틴과 결합하는 수용체는 뇌에도 많이 있습니다. 니코틴은 특히 중뇌에 있는 도파민 회로를 자극해 쾌락을 느끼게 하는 도파민을 분비시킵니다. 바로 여기에 문제가 있습니다. 도파민은 일시적 쾌락으로 끝나지 않고 중독 현상을 일으킵니다. 우리 몸은 쾌락을 계속 느끼기 위해 도파민 분비를 늘리려 하고, 그러다 보니 니코틴에 중독되는 것입니다. 담배를 피우지 않으면 도파민이 분비되지 않아 견디지 못하는 금단현상이 나타납니다. 흡연자의 3분의 1이 금연을 시도했다가 곧 포기하는 것은 바로 이 때문입니다.

담배는 성장만 방해하는 것이 아닙니다. 건강에도 악영향을 미칩니다. 10~20년 동안 꾸준히 담배를 피우면 폐를 구성하는 허파 꽈리에 이상이 생기는 폐 공기증에 걸릴 가능성이 높아집니다. 폐 공기증이 생긴 허파꽈리는 더 이상 공기를 빨아들이거나 내뱉을 수 없습니다. 즉, 숨을 쉴 수 없는 것이지요. 폐 공기증이 진행될수록 환자는 숨이 답답해지고, 호흡곤란이 나타나며, 심하면 사망할 수도 있습니다. 더욱 큰 문제는 폐 공기증은 한번 생기면 치료가 불가능하다는 것입니다.

청소년기에 흡연을 시작하면 남들보다 이른 시기에 폐 공기증이 나타날 수 있습니다. 열다섯 살에 흡연을 시작했다면, 서른다섯 살만 되어도 폐에 구멍이 뚫릴 수 있는 것입니다. 평균수명이 80세에 달하는 요즘 그 나이부터 벌써 숨이 가빠진다면 남은 인생을 어떻게 살아가야 할까요?

담배를 끊고 싶어도 니코틴 중독으로 저도 모르게 다시 담배를 입에 물곤 하는 흡연자들. 이 사람들 앞에 담배 회사가 내민 것이 소위 순한 담배입니다.

순한 담배는 순하지 않다?

순한 담배에는 니코틴 같은 유해 성분의 양이 적게 들었다고 합니다. 그러니 흡연자 입장에서는 최선은 아니더라도 차선으로 받아들여질 수 있습니다. 하지만 흡연자의 건강까지 생각하는 착한 담배의 이면에는 담배 회사의 비정한 손익계산표가 존재합니다.

이미 니코틴에 중독된 흡연자의 몸은 순한 담배 속에 포함된 니코틴 양을 부족하다고 느낍니다. 그러다 보니 예전에는 한 개

비만 피우던 것을 두 개비, 세 개비 피웁니다. 여기에 "순하니까 좀 더 피워도 되겠지." 하는 방심까지 더해져 결국 더 많은 담배를 피우게 됩니다.

결국 순한 담배라는 것은 이름만 그럴듯할 뿐, 담배 회사의 수익을 늘려 주는 도구에 불과한 것입니다. 그래서 미국에서는 담배에 '라이트' 같은 단어를 쓰지 못하도록 규제하고 있습니다.

술도 마찬가지입니다. 소주 회사들이 알코올 도수를 낮춘 순한 소주를 내놓으며 몸에 좋은 것처럼 광고하는데, 순한 소주도 많이 마시면 알코올로 인한 피해를 입을 수 있습니다.

담배에는 니코틴 외에도 4,000가지 이상의 화학물질이 포함되어 있으며, 벤젠 등 1급 발암물질도 7종이나 들어 있다.

또 다른 예를 들어 볼까요? 독성이 덜한 살충제가 개발되었다고 생각해 봅시다. 독성이 낮아지면 살충 효과가 떨어질 수 있습니다. 그러면 이전만큼의 살충 효과를 보기 위해 오히려 더 많은 양을 사용하게 됩니다. 독성이 적기 때문에 마음 놓고 마구 뿌려 대는 것이지요.

진정으로 건강을 생각하고 환경을 생각한다면 독성이 적은 신제품을 고르기 전에 먼저 생활 습관을 바꿔야 한답니다. 그러니 주위에 순한 담배를 피우는 흡연자가 있다면 해결책은 오직 금연뿐이라는 사실을 꼭 알려 주세요.

과학이 부른 새로운 중독

24

23시 34분 인터넷 게임에 빠져들다

정전은 한 시간 정도 지나서야 끝났다. 다시 불이 들어오자 훈이는 잽싸게 컴퓨터를 켰다. 오늘은 게임을 안 해도 좋다는 다짐은 온데간데없이 사라졌다. 어찌나 마음이 급한지 컴퓨터가 부팅되는 시간이 지겨울 지경이었다.

뒤통수에 꽂히는 엄마의 따가운 시선에 훈이는 선수를 쳤다.

"엄마, 30분만, 응? 아직 중간고사도 멀었잖아."

"이제 2학년이니까 더 열심히 공부하겠다더니!"

"학교랑 학원에서 열심히 공부했다고. 사람이 쉬기도 해야지."

훈이는 익숙한 손놀림으로 인터넷 게임에 접속했다. 아직 숙제도 다 못했지만 게임을 하지 않으면 아무것도 손에 잡히지 않을 것 같았다.

'정말 딱 30분만 해야지. 그러고 나서 숙제를 하는 거야.'

훈이는 굳게 다짐하며 게임에 빠져들었다. 하지만 게임은 뜻대로 잘 풀리지 않았다.

'어우, 조금만 더 하면 렙업할 수 있을 텐데.'

훈이는 아쉬운 마음으로 시계를 쳐다보았다. 게임을 시작한 지 25분이 흘러 있었다.

'5분 남았으니까 빨리 한 판만 더 하자.'

훈이는 다시 게임 창을 열었다. 하지만 훈이 스스로도 잘 알고 있었다. 지금 게임을 시작하면 5분 안에 그만두기가 어렵다는 사실을.

게임에 몰입하면서도 훈이의 마음은 편하지 않았다. 학교 숙제도 해야 하고 학원 숙제도 해야 하는데, 이렇게 게임만 하고 있으면 안 되는데 하는 생각이 머리에서 떠나질 않았다. 학원 모의고사 성적이 떨어진 것도 모두 게임 탓인 것만 같았다.

'혹시 나도 게임 중독인가? 그래서 끊을 수 없는 거 아닐까?'

게임의 포로가 된 뇌

아파트 창밖으로 놀이터가 보입니다. 예전보다 아이들이 참 많이 줄었습니다. 되돌아보면 제가 어릴 적에는 1년 365일 거의 밖에서 놀았던 기억이 납니다. 더우면 더운 대로 추우면 추운 대로 늘 밖으로 쏘다녔지요.

하지만 요즘 청소년들은 그렇지 않은 모양입니다. 일단 공부하느라 놀 시간이 부족한 데다가, 굳이 밖에 나가지 않더라도 혼자 재미있게 놀 방법이 많이 생겼지요.

요즘 청소년들이 가장 즐기는 놀이는 단연 게임일 것입니다. 게임은 혼자서도 할 수 있고, 밤낮과 계절을 가리지 않으며, 무엇보다도 재미있으니까요. 게임을 위한 컴퓨터나 휴대폰 사용 시간을 두고 부모와 실랑이를 벌이는 장면은 아이가 있는 집이라면 흔히 볼 수 있는 풍경이지요. 이번에는 개인적인 문제를 넘어 사회적인 문제가 되고 있는 게임 중독 현상에 대해 알아봅시다.

자꾸만 번져 가는 게임 중독

원래 중독이란 말은 독이 몸속에 악영향을 미쳐 장애를 일으키는 것을 가리킵니다. 예를 들어 독버섯을 먹으면 몸에 심각한 이상이 일어나고 자칫 목숨을 잃을 수도 있는데 이런 경우가 바로 중독입니다.

또한 중독은 어떤 것이 몸에 해롭다는 사실을 알면서도 끊지 못하는 것을 의미하기도 합니다. 23장에서 살펴보았던 담배처럼 물질적인 것뿐만 아니라 인터넷이나 도박, 쇼핑 같은 특정 행동에 지나치게 몰두하는 경우도 중독으로 볼 수 있습니다.

단순히 좋아하는 정도가 아니라 중독되었다는 판단을 내리려면 다음 세 가지 조건에 맞아야 합니다.

첫 번째 조건은 의존성입니다. 그 대상에 얼마나 의존하는가 하는 것이지요. 예를 들어 술을 마시지 않으면 잠을 이룰 수 없거나, 떨리고 불안해서 일을 하지 못한다면 알코올중독으로 볼 수 있습니다. 게임도 마찬가지입니다. 처음에는 그저 심심풀이로 잠깐씩 하다가, 나중에는 게임을 하지 않으면 아무것도 할 수 없는 상태에 이르는 것입니다.

두 번째 조건은 내성입니다. 항생제를 너무 자주 복용하다 보면 나중에는 오히려 약효가 떨어지듯이, 아무리 즐거운 행동도 자꾸 반복하다 보면 처음처럼 즐겁게 느껴지지 않습니다. 이런 것을 두고 내성이 생겼다고 표현합니다. 내성이 생기면 이전의 즐거움을 다시 느끼기 위해 점점 행동이 극단적으로 변합니다. 처음에는 술을 한 잔만 마셔도 만족하던 사람이 알코올중독이 되면 갈수록 반응이 무뎌져서 급기야 술 한 병을 다 마셔야 비로소 기분이 진정됩니다. 게임도 처음에는 한두 시간만 해도 스트레스가 풀리지만, 자꾸 하다 보면 나중에는 너덧 시간씩 하고도 성에 차지 않습니다.

마지막 조건은 금단 현상입니다. 그 행동을 하지 않으면 괴로워서 못 견디는 것입니다. 게임에 지나치게 몰두하다 보면 어느 순간부터는 게임을 하고 있지 않으면 초조해집니다. 이쯤 되면 즐거워서 한다기보다는 그나마 그걸 하고 있어야 괴롭지 않기 때문에 한다고 볼 수 있습니다. 알코올중독자가 술을 마시지 않으면 불안해서 결국 다시 술을 찾는 것도 마찬가지입니다.

이 세 가지 조건을 모두 가진 게임 중독자는 게임 외에는 아무것도 바라지 않는 극단적인 상태에 빠지게 됩니다. 이때부터는 게임을 제외한 모든 것이 의미가 없어집니다. 하루 종일 컴퓨터나 휴대폰 앞에 앉아 게임에만 매달리게 되지요. 밥도 안 먹고 잠도 안 자면서 게임을 합니다. 게임을 하고 싶다는 욕구가 식욕이나 수면욕이라는 본능적인 욕구마저 억눌러 버리는 것이지요. 게임을 못 하게 막으면 안절부절못하다가 급작스레 화를 내거나 자해를 하는 등 이상행동을 보이기도 합니다. 이렇게 중독이 심한 상태에 이르면 스스로의 의지만으로는 빠져나오기가 쉽지 않습니다.

실제 우리 사회의 게임 중독은 어느 정도일까요? 게임 중독은 인터넷이나 휴대폰 중독과 깊이 연관되어 있습니다. 과학기술정보통신부가 2022년 실시한 실태조사에 따르면, 우리나라 휴대폰 이용자 중 과의존위험군의 비율이 23.6퍼센트나 된다고 합니다. 그중 청소년의 과의존위험군 비율은 40퍼센트에 달하지요. 청소년의 인터넷 및 휴대폰 사용에서 큰 비중을 차지하는 것이 바로 게임입니다.

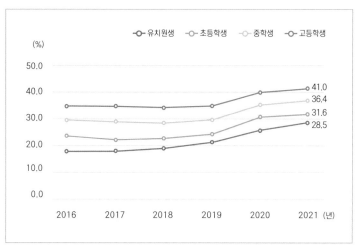

우리나라 어린이와 청소년의 휴대폰 과의존 위험률 추이. 모든 연령대에서 과의존 위험률이 크게 오른 것을 알 수 있다.

게임 중독은 단순히 많은 시간을 쏟는다는 문제에서 끝나지 않습니다. 밤새 게임을 하느라 일상생활이 불규칙해지고 공부에도 지장이 생깁니다. 게임을 하지 않을 때도 불안하고 초조해서 다른 일을 하지 못합니다. 피시방을 이용하고 게임 머니를 충전하기 위한 경제적 문제도 생깁니다. 그래서 청소년의 인터넷 게임 중독은 가정불화까지 부르게 됩니다.

여기서 우리는 한 가지 질문을 던질 수 있습니다. 게임이든 술이든 마약이든 인간이 무언가에 중독되는 이유는 무엇일까요? 그 열쇠를 쥐고 있는 것이 바로 우리의 뇌입니다.

중독을 만드는 호르몬, 엔도르핀

사람의 뇌에는 약 100억~1,000억 개의 신경세포가 존재하는데 이들은 서로 끊임없이 신호를 주고받고 있습니다. 신경세포의 신호 전달에는 여러 종류의 신경전달물질과 수용체가 관여를 합니다. 한 신경세포를 투수, 다른 뇌세포를 포수, 신경전달물질을 야구공, 수용체를 포수의 글러브에 대응해 봅시다. 한 신경세포가 다른 신경세포로 정보를 전달하는 과정은 마치 투수가 야구공을 던지고, 포수가 그 공을 글러브로 잡아내는 것과 같습니다.

신경전달물질은 여러 가지가 있는데 그중 주목해야 할 것이 엔도르핀입니다. 23장에서 다룬 도파민처럼 엔도르핀도 쾌락과 연관되어 중독을 일으키는 물질입니다. 처음 세상에 알려진 것은 1975년으로, 기분을 좋아지게 한다고 해서 '웃음 호르몬', '쾌락 호르몬' 등으로 불리었지요. 실제로 뇌에서 엔도르핀이 많이 분비되면 괜히 즐거워집니다. 그래서 우울증 환자에게 엔도르핀과 구조가 비슷한 합성 엔도르핀을 투여하기도 합니다.

엔도르핀이라는 이름은 아편의 주요 성분인 모르핀에서 따온 것입니다. 즉 엔도르핀이라는 이름에는 '몸속의 모르핀'이라는 뜻이 담겨 있는 것입니다. 모르핀과 엔도르핀은 화학적 구조가 비슷해서 아편을 피우면 모르핀이 엔도르핀 수용체에 달라붙습니다. 그러면 엔도르핀 수용체는 진짜 엔도르핀이 결합한 것으로 착각해서 통증을 줄이고 기분을 좋게 만듭니다. 이런 성질 때문에 모르핀은 중독의 위험에도 불구하고 의학용으로 사용되고 있습니다. 말기 암 환자처럼 극심한 통증을 느끼는 사람에게 투여해 잠시나마 고통을 덜어 주는 것이지요.

사람들이 엔도르핀에 대해 흔히 하는 오해가 있습니다. 많이 웃고 즐거운 생각을 하면 엔도르핀이 분비되어 몸에 좋다는 생각입니다. 그러나 엔도르핀은 즐거울 때 분비되는 호르몬이 아니라 괴로울 때 분비되는 스트레스 호르몬에 가깝습니다.

가끔 큰 교통사고를 당한 피해자가 아무렇지도 않은 듯 벌떡 일어나 걸어가다가 갑자기 쓰러지는 경우가 있습니다. 차에 치인다는 것은 몸에 굉장히 큰 스트레스를 줍니다. 하지만 그렇다고 해서 그 자리에 가만히 있다가는 뒤따라오는 차에 또 치일 수도 있지요. 그래서 우리 몸은 큰 충격을 받았을 때 순간적으로 위기를 모면할 수 있도록 스트레스 호르몬을 분비합니다.

스트레스 호르몬은 강력한 진통 작용과 최대한의 근력 발휘라는 두 가지 일을 합니다. 일단 아픔을 못 느끼게 하고 몸을 움직이게 해서 또 다른 위험을 피하는 것입니다. 스트레스 호르몬으로서 엔도르핀은 그 효과가 마약성 진통제보다 100배나 큽니다. 엔도르핀 분비량이 최대로 올라갔을 때는 아무리 상처가 깊어도 전혀 고통을 느끼지 못합니다. 대신 엔도르핀은 지속 효과가 짧아서 일단 위험을 피하고 나면 더 분비되지 않습니다. 그래서 교통사고 피해자가 멀쩡히 걷다가 급작스러운 통증으로 쓰러지는 것이지요.

이렇게 엔도르핀이 분비될 때는 대개 엔도르핀이 아니면 견딜 수 없을 만큼의 고통이 동반되는 경우가 많습니다. 다시 말해, 우리가 무언가에 중독된다는 것은 곧 엔도르핀에 탐닉할 만큼 어떤 고통을 느끼고 있다는 것입니다. 신체적 고통만이 아닙니다. 사회적 동물인 인간은 사회에서 소외되고 뒤처지는 것에 커다란 스트레스를 느낍니다. 게다가 과학기술의 발달로 게임 같은 새로운 유혹거리가 만들어지면서 더욱 많은 사람들이 중독에 빠져들고 있습니다. 그렇게 엔도르핀이 분비되어야 조금이나마 기분이 나아지기 때문입니다.

중독을 치료하는 것도 중요하지만 애초에 왜 중독의 유혹에 넘어갔는지 그 원인도 함께 고민해야 합니다. 그것이 중독을 근본적으로 차단하는 방법입니다. 여러분은 어떤 선택을 하고 싶은가요? 발달된 과학기술을 제대로 이용하는 것, 그리고 과학기술이 주는 찰나의 재미에 중독되어 허우적대는 것 사이에서 말이지요.

정보의 바다를 헤쳐 나가는
과학적 사고력

10년이면 강산이 변한다는 옛말이 있지요. 2012년에 발간된 『하리하라의 과학 24시』 개정판 작업을 하면서 10여 년 전 훈이의 일상을 다시 읽어 보니, '그동안 세상이 참 많이 변했구나' 하고 새삼 실감하게 되었습니다. 가장 큰 변화 중 하나는 어렸던 우리 집 아이들이 이젠 훈이만큼, 혹은 훈이보다 더 나이를 먹었다는 것입니다.

세상이 변해서일까요, 아이가 커서일까요? 10년 전에는 틈만 나면 놀이터에 나가던 아이들이 이제는 주로 화면 속 세상에 거주합니다. 온라인 수업을 마친 아이는 유튜브 동영상을 보며 즐거워합니다. 신기한 것을 발견하면 휴대폰으로 사진을 찍어 SNS

에 공유합니다. 방과 후에는 친구들과 놀기도 하지만, 그 장소가 놀이터나 공원이 아니라 온라인인 경우가 많습니다. 친구들과 온라인으로 게임을 하고, 영상 채팅으로 각자의 집에서 수다를 떱니다. 숙제를 하다가 궁금한 것이 있으면 인공지능 챗봇에게 물어보고, 영어를 공부할 때는 번역 앱을 켭니다. 그림을 그릴 때는 스케치북이 아니라 태블릿과 터치 펜을 찾지요.

그런데 온라인 세상이 익숙한 건 저도 마찬가지입니다. 글 쓰는 데 필요한 자료는 도서관이 아니라 인터넷 저널 사이트에서 찾고, 찾은 자료는 하드디스크보다는 클라우드에 저장합니다. 영화를 보기 위해 극장을 찾기보다는 OTT 사이트에 접속하고, 새로 나온 신간을 이북으로 구매하기도 합니다. 글을 쓰다가 삽화나 배경음악이 필요하면 인공지능 이미지 생성 프로그램이나 작곡 프로그램을 이용하고, 회의나 강연을 온라인으로 하는 경우도 많습니다. 쇼핑도, 각종 예약도, 금융 업무도 거의 모바일로 처리하지요.

이처럼 세상의 범위가 오프라인에서 온라인으로 확장되면서 우리의 일상이 바뀌었습니다. 그만큼 편리해진 것도 사실이고요. 그렇지만 새로운 고민거리 또한 함께 생겨났습니다. 그중 하나가 넘쳐나는 지식과 정보의 홍수입니다. 정보의 양이 많아질수록 그 속에서 길을 잃을 확률도 높아집니다. 때로는 확실하지 않거나 위험한 정보에 필터링 없이 노출되어 피해를 입을 수도 있고요. 검증되지 않은 정보가 끊임없이 생성되는 복잡한 온라인 세상에서 길을 잃지 않고 균형 있는 시각을 유지하기 위해서는 무엇이 필요할까요?

바로 과학적 사고력입니다. 과학적 사고력이란 일종의 문제 해결력입니다. 증거를 통해 사실을 판별하고, 논리적으로 생각할 줄 알며, 합리적인 인과성을 구별해 내는 능력이죠. 여기에는 아는 것과 모르는 것을 구분할 줄 아는 분별력, 모르는 것에 대해 질문할 수 있는 호기심과 용기, 필요한 정보를 찾아내고 체계적으로 분류하고 분석할 수 있는 능력도 포함됩니다. 또한 규칙을 통해 다음에 일어날 사건을 미리 가늠해 보는 논리적 추론력도 있어야 하지요. 한마디로 말해 증거를 통해 문제를 분석하고 해결하고 대응하는 종합적 사고력인 셈이죠.

그렇다면 과학적 사고력을 키우기 위해서는 어떻게 해야 할까요? 사고, 즉 생각에도 연습이 필요합니다. 인간은 누구나 생각하는 능력을 가지고 태어납니다. 그러나 아무리 뛰어난 언어 능력을 가지고 태어난 아이라고 해도 배우지 않으면 말을 할 수 없듯이, 생각도 배우지 않으면 제대로 할 수 없습니다. 이 책은 여러분 또래인 훈이의 일상을 따라가며 다양한 과학 문제에 의문을 제기하고, 그 의문을 해결하는 과정을 보여 주며 여러분이 생각하는 법을 배우고 연습할 수 있도록 합니다.

　여러분은 이 책에 쓰인 제 생각에 동의할 수도 있고, 그렇지 않을 수도 있습니다. 그래도 괜찮습니다. 모든 것에 의문을 가지는 것 또한 과학적 사고방식 중 하나니까요. 중요한 것은 여러분이 제가 던진 생각의 가닥들을 읽고, 그에 대해 곰곰이 곱씹어 보면서 나름의 생각을 정립해 나가는 과정입니다. 때로는 명확한 답을 찾지 못할 수도 있습니다. 그렇지만 과학적으로 사고하려는 태도를 유지한다면 드넓은 정보의 바다에서 길을 잃고 헤매는 시간이 조금 줄어들 겁니다. 이제부터 훈이가 아닌 여러분의 하루로 '과학 24시'를 채워 보면 어떨까요?

2023년 훈이 또래의 세 아이를 키우면서,

하리하라 이은희

자료 출처

19쪽 MagicTV(pixabay)

36쪽 보건복지부

52쪽 미국항공우주국

55쪽 wikipedia

68쪽 국제에너지기구

78쪽 The Royal Library

88쪽 Andrew Dunn(wikipedia)

99쪽 wikipedia

112쪽 DominiqueMichel(wikipedia)

123쪽 건강보험심사평가원

130쪽 wikipedia

142쪽 wikipedia

151쪽 LERK(wikipedia)

153쪽 Etan Tal(wikipedia)

161쪽 MatthiasKabel(wikipedia)

164쪽 질병관리청

173쪽 wikipedia, National Portrait Gallery

181쪽 Skitterphoto(pixabay)

188쪽 국립농산물품질관리원

193쪽 에코리브르

200쪽 Our World in Data

202쪽 Papier K(wikipedia)

209쪽 wikipedia

221쪽 Janet Stephens(wikipedia)

229쪽 통계청

243쪽 Jtesla16

251쪽 Universiteits-Bibliotheek, Amsterdam

264쪽 과학기술정보통신부

즐거운지식

하리하라의 과학 24시

1판 1쇄 펴냄 – 2012년 3월 7일
2판 1쇄 찍음 – 2023년 10월 19일
2판 1쇄 펴냄 – 2023년 10월 25일
지은이 이은희 **그린이** 김명호
펴낸이 박상희 **편집장** 전지선 **편집** 이정희, 최민정 **디자인** 황일선, 정다울
펴낸곳 (주)비룡소 **출판등록** 1994. 3.17.(제16-849호)
주소 06027 서울시 강남구 도산대로1길 62 강남출판문화센터 4층
전화 02)515-2000 **팩스** 02)515-2007 **홈페이지** www.bir.co.kr
제품명 어린이용 반양장 도서 **제조자명** (주)비룡소 **제조국명** 대한민국 **사용연령** 3세 이상

ⓒ 이은희, 김명호 2023. Printed in Seoul, Korea.

ISBN 978-89-491-8733-4 44400 / ISBN 978-89-491-9000-6 (세트)

즐거운지식

수학 귀신 한스 엔첸스베르거 글·로트라우트 수잔네 베르너 그림/ 고영아 옮김

어린이도서연구회 권장 도서, 열린어린이 선정 좋은 어린이책, 전교조 권장 도서, 중앙독서교육 추천 도서,
쥬니버 오늘의 책, 책교실 권장 도서

펠릭스는 돈을 사랑해 니콜라우스 피퍼 글/ 고영아 옮김

아침햇살 선정 좋은 어린이책, 어린이도서연구회 권장 도서, 책교실 권장 도서

청소년을 위한 경제의 역사 니콜라우스 피퍼 글·알요샤 블라우 그림/ 유혜자 옮김

2003년 독일 청소년 문학상 논픽션 부문 수상작, 한국간행물윤리위원회 청소년 권장 도서, 대한출판문화협회 선정
올해의 청소년 도서, 책따세 추천 도서, 전국독서새물결모임, 한우리독서운동본부 추천 도서

거짓말을 하면 얼굴이 빨개진다 라이너 에를링어 글/ 박민수 옮김

한국간행물윤리위원회 청소년 권장 도서, 책따세 추천 도서

왜 학교에 가야 하나요? 하르트무트 폰 헨티히 글/ 강혜경 옮김

어린이도서연구회 권장 도서, 책교실 권장 도서

음악에 미쳐서 울리히 룰레 글/ 강혜경·이현석 옮김

네이버 오늘의 책, 열린어린이 선정 좋은 어린이책, 책교실 권장 도서

회계사 아빠가 딸에게 보내는 32+1통의 편지 야마다 유 글/ 오유리 옮김

대통령이 된 통나무집 소년 링컨 러셀 프리드먼 글/ 손정숙 옮김

뉴베리 상 수상작, 경기도학교도서관사서협의회 추천 도서

세상에서 가장 쉬운 철학책 우에무라 미츠오 글·그림/ 고선윤 옮김

한국간행물윤리위원회 청소년 권장 도서, 아침독서 추천 도서

달의 뒤편으로 간 사람 베아 우스마 쉬페르트 글·그림/ 이원경 옮김

어린이도서연구회 권장 도서, 학교도서관저널 추천 도서

청소년을 위한 뇌과학 니콜라우스 뉘첼·위르겐 안드리히 글/ 김완균 옮김

아침독서 추천 도서, 학교도서관저널 추천 도서

클래식 음악의 괴짜들 스티븐 이설리스 글·애덤 스토어 그림/ 고정아 옮김

학교도서관저널 추천 도서

곰브리치 세계사 에른스트 H. 곰브리치 글·클리퍼드 하퍼 그림/ 박민수 옮김

《가디언》 선정 2010 청소년을 위한 좋은 책, 《로스앤젤레스 타임스》 선정 2005 올해의 책, 미국 대학 출판부 협회
(AAUP) 선정 도서, 학교도서관사서협의회 추천 도서, 학교도서관저널 추천 도서, 어린이문화진흥회 추천 도서

가르쳐 주세요!-성이 궁금한 사춘기 아이들이 던진 진짜 질문 99개 카타리나 폰 데어 가텐 글·앙케 쿨 그림/
전은경 옮김

하리하라의 과학 24시 이은희 글·김명호 그림

한국과학창의재단 선정 우수과학도서, 어린이도서연구회 권장 도서

이것이 완전한 국가다 만프레트 마이 글·아메바피쉬 그림/ 박민수 옮김

한국간행물윤리위원회 청소년 권장 도서

클래식 음악의 괴짜들 2 스티븐 이설리스 글·수전 헬러드 그림/ 고정아 옮김

아침독서 추천 도서

뜨거운 지구촌 정의길 글·임익종 그림

대한출판문화협회 올해의 청소년 도서, 경기도학교도서관사서협의회 추천 도서

아인슈타인의 청소년을 위한 물리학 위르겐 타이히만 글·틸로 크라프 그림/ 전은경 옮김

한국과학창의재단 선정 우수과학도서, 학교도서관저널 추천 도서

청소년을 위한 천문학 여행 위르겐 타이히만 글·카트야 베너 그림/ 전은경 옮김

아침독서 추천 도서

미스터리 철학 클럽 로버트 그랜트 글/ 강나은 옮김

★ 계속 출간됩니다.